科学人文书系
Science & Humanities

阅读科学往事

置身事外，而又身处其中，这会不会是回看历史的一种最好的角度呢？

吴燕◎著

图书在版编目（CIP）数据

阅读科学往事 / 吴燕著．—上海：上海科学技术文献出版社，2016.3

（科学人文书系）

ISBN 978-7-5439-6975-9

Ⅰ．①阅… Ⅱ．①吴… Ⅲ．①科学史学—研究 Ⅳ．①N09

中国版本图书馆 CIP 数据核字 (2016) 第 035322 号

总 策 划：梅雪林
责任编辑：石　婧
装帧设计：有滋有味（北京）
装帧统筹：尹武进

丛书名：科学人文书系
书　名：阅读科学往事
吴　燕　著
出版发行：上海科学技术文献出版社
地　　址：上海市长乐路 746 号
邮政编码：200040
经　　销：全国新华书店
印　　刷：上海中华商务联合印刷有限公司
开　　本：787×1092　1/32
印　　张：6.25
字　　数：110 000
版　　次：2016 年 3 月第 1 版　2016 年 3 月第 1 次印刷
书　　号：ISBN 978-7-5439-6975-9
定　　价：30.00 元
http://www.sstlp.com

目　录

快意人生

去日生香

省思过往

纸上寻踪

一直以为,探寻历史是需要一点想象力的。这倒不是说用想象来编故事,我想说的是,当面对这许多年代久远的陈迹时,除了赋予它们一种解释之外,还可以用想象连缀一些故事,用那个时代的人的脑袋思考,呼吸着那个时代的人们呼吸的气息。置身事外,而又身处其中,这会不会是回看历史的一种最好的角度呢?

1. 追忆万籁俱寂的年代

法国人圣·埃克苏佩里一生中画的第一幅画是一顶帽子——在我们看来那是顶帽子,但是他说他画的是一条巨蟒在消化一头大象,结果我们也就越看越像。后来小王子看出来那是一条巨蟒在消化一头大象,于是他们就这样认识了。

读《小王子》的时候,我正沉浸在一些关于历史的问题中,享受着找不到答案的幸福与失落。那是2004年冬天,我开始思考是否真有历史的真实。我开始相信,历史学家在一些时候会不得不面对一种困境,他们会希望历史也成为逻辑链条上的一环。将某件事情记入历史这部大书的某一页,依据的标准常常是因为放在这个位置是合逻辑合情理的——于是便有了对历史的解释。历史不是解释,但只有通过解释,那些久远年代的遗迹才串连成完整的历史。穿越历史的尘埃,说到底其实也就是用解释的扫帚扫去漏洞百出的故事,留下合逻辑的历史"真实"。如此说来,似乎也就不会有历史的真实。这件事让我颇有些伤感,因为这意味着,有一些故事我将永远无法知晓。

这样的情绪一直蔓延到2005年初,这时候冬天在继续,但空气中明显已经弥散着春天的气息。为一件还算正经的事情大伤脑筋,这对我来说实属罕见。

就是在这样的心情下,我开始阅读刘歆。这是一个颇有争议性的人物,但更吸引我的是他的经历的戏剧性,带着一些淡淡的悲剧色彩。印象中的刘歆似乎从来就没有年轻过,尽管他在很小的时候就已经因为饱读诗书而名声在外,以至于受到成帝的接见,并被委以黄门郎的头衔。歆传里说,"莽少与歆俱为黄门郎,重之",这是刘歆和王莽第一次在史书中相遇。但对刘歆来说,在他与王莽的交往中,这只是一个开始。他们还将有更深入的过从,并且刘歆将为此而付出诸般代价。流行肥皂剧中常常有这样的情节:一个庞大的家族企业最终毁于企业里一个外姓人之手,而与之合谋的则是这个家族的逆子。假如将这个故事平移到汉朝,似乎正可以对应到王莽和刘歆的身上。刘歆是汉室宗亲,但是他却帮着王莽篡了汉室的权,并在随后被王莽委任为国师。但后来他又转舵企图灭了王莽以保全自己,最终因为事情败露而自杀。

听现代的讣告常常要有足够的耐心,才能在大约两分钟之后听到究竟是谁寿终了,原因是该人头衔太多。只有政治上失势的人物的讣告,名字才会在第一时间传送进听者的耳朵。我在想,刘歆多半便是后者了。人生中或许有无数个岔路口,但只要其中一个选择失误,就可能淹没掉一生中所有其他正确的选择,这种评判标准多少会让人心有不甘,但在这样一个以成败论英雄的年代,谁又能多说些什么呢?于是只好不说,继续阅读刘歆。

关于刘歆的生年现在已然无可考证,只知道他与扬雄年纪相若,而比王莽年纪稍长。公元前1年,汉哀帝驾崩。这一年,王莽45岁,当上了大司马。次年,平帝即位,刘歆做上了羲和官。这一年,刘歆大约50岁的光景,正是春风得意之时,再加上自幼学理爱文、才华横溢,此时的刘歆该是一位颇有魅力的中年人。假如放到现在,他多半会成为众美眉暗恋的对象,不过在当时,他更关心的不是美眉,而是度量衡。

这是2005年冬天的一个下午,我坐在冰窖一样的宿舍里读着一些关于刘歆的往事。房间里的四个时钟居然各自走着不同的时间,我不知道我究竟活在5分钟前还是3分钟后。这件事让我了解,关于身外世界的计量有一个标准该是多么重要,至少能让我知道我的确是活在此时此刻。

公元1年的刘歆,在王莽的信任之下开始了他关于度量衡的研究。对于刘歆来说,他在目录学上的成就已经足可以让他在学术界扬名立万,但是令人庆幸的是,刘歆似乎并不仅仅满足于自己在文科上取得的成就,还愿意在理科上也有所建树。不过,关于刘歆在科学上的工作,他自己并没有留下什么署名第一作者的论文,有关他科学工作的内容大多由班固等同志记在《汉书・律历志》中。这成为我们今天了解刘歆工作的一个重要线索。

有一段时间,我爱上了"头"这个量词,无论说什么都论头。比如我相信自己前生应该是一"头"蛇,我正在为一"头"不好写的文章发愁,我坐在一"头"电脑前开始追忆2 000多年前的那"头"岁月。室友于是笑我掉进了养猪场,而我则在心里暗自嘀咕:这数与量要是没理顺,好像还真不行,比如现在我就几乎要被室友归入异类。

在数与具体事物之间建立一种联系正是刘歆那时所做的一件很重要的工作。刘歆已然看到数在社会生活中的重要作用,这用他自己的话来说就是"夫推历生律制器,规圆矩方,权重衡平,准绳嘉量,探赜索隐,钩深致远,莫不用焉"。用数来表示具体的事物则可以做到尽可能的精确,"度长短者不失毫厘,量多少者不失圭撮,权轻重者不失黍累"。在我们已经习惯了用数字来描述所见所闻的今天,这一想法看起来似乎十分简单,但是假如我们在回望历史的时候也带着挥之不去的文化优越感,那便只能证明我们的无知了。事实上,刘歆正是以这种开创性的思想开始了他在随后几年中的研究的。

在刘歆的理论中,音律是一项贯穿于整个理论的工作。无论是度长短、量多少、权轻重,抑或制订三统历,黄钟之律始终回荡其间。黄钟律长九寸,这当然是一种人为的规定,不过,将它的管长定为九寸而不是其他什么长度其实体现了中国古人对数的一种情怀,一种近似于新柏拉图主义的数字情怀。如果将刘歆的工作比作电脑 DIY 的话,那么,这种数之情怀则像一块主板,而黄钟则似一块芯片,所有关于长度重量体积等的计量标准都像硬盘声卡显卡 IPIQIC 卡那样,通过这块主板而集成为一体,并因着这颗芯而呈现出相互之间的分工与协作;假如没有这块主板和芯片,还真不知道这些卡如何能奔得起来。

——三统历是刘歆所主持的一项最重要的工作。刘歆对三统的解释是这样的:"三统者,天施,地化,人事之纪也。……黄钟为天统,律长九寸。九者,所以究极中和,为万物元也。……林钟为地统,律长六寸。六者,所以含阳之施,楙之于六合之内,令刚柔有体也。……太族为人统,律长八寸,象八卦,宓戏氏之所以顺天地,通神明,类万物之情也……此三律之谓也,是为三统。"

——作为制订长度单位的起点:"本起黄钟之长。以子谷秬黍中者,一黍之广度之,九十分黄钟之长。"以黄钟律长九寸作为一个基准,然后再用九十颗黍对其加以校正。不过,这种校正多少有点神秘主义的迹象,因为黍的个头大小原本就不是一个固定值。用它来作量度标准似乎更多是在摆 POSE。

——作为体积单位的起点:“本起于黄钟之龠,用度数审其容,以子谷秬黍中者千有二百实其龠,以井水准其概。”以黄钟律长而得到龠的容量,然后再以 1 200 颗黍作为校验。

——作为重量单位的起点:“本起于黄钟之重,一龠容千二百黍,重十二铢,两之为两,二十四铢为两,十六两为斤,三十斤为钧,四钧为石。”以黄钟律长而得到龠的容量,一龠的重量也就随之得以确定。而这种重量也正是 1 200 颗黍的重量。

为了将这一起于音律并由黍加以验证的标准固定下来,刘歆还设计了一个多功能量器,由于它是以王莽新朝的名义发布的,所以按照正式的叫法,它的名字是“新莽嘉量”。新莽嘉量用青铜制成,这主要是考虑到青铜不易受腐蚀,而且热胀冷缩的变化很小。对于量器直径的规定,刘歆是以当时做圆内接正方形的方法来表述的。所不同的是,他所用的圆周率比当时人们通用的“周三径一”更为精确。这一方法就是说,先确定一个边长一尺的正方形,然后再做外接圆。不过,边长一尺的正方形的外接圆面积 157 平方寸,并不能满足需要的尺寸。所以,刘歆又在正方形角顶到外接圆周留出了九厘五寸的距离。这个距离被称作“庣旁”（“庣”这个字现在已经没有什么人用了，因此甚至在五笔的字库里也找不到它）。如果按照这个尺寸回推，就可以得到一个数值为3.154 7的圆周率，不过，刘歆是如何得到这一圆周率或者说如何得到这个尺寸的并无可考。

圆面积既已定出，量器的深度更无难处，深一尺的那一侧可容十斗，叫做斛；翻个个儿，深一寸的那一侧可容十升，叫做斗。另外，升、斛、龠这三位单位也都在嘉量上对号入座。五量至此合为一体；但还不仅如此。嘉量的总重量是二钧，这就将长度、容积和重量通过一件器物表现出来，而这一件器物“声中黄钟，始于黄钟而反覆焉”。这样，在我们围着嘉量算了一圈之后，我们又一次回到了最初的起点：黄钟。这就好像给度量衡这件事划上的一个句号。

以黄钟之律来统一度量衡标准，这一完美思路应该归功于刘歆在传统文化上的修为。《礼记·乐记》里说，德者性之端也，乐者德之华也。在中国古人看来，音乐其实是一个人道德修养的镜子，也是立德之根本了吧。这种理想与今天成群结队的琴童捏着鼻子学琴只为考级考本考大学的追求相比，真有天壤之别了。

再换一个角度来看，音乐其实也是人内心情绪的反映，音律之魅正在于它具有一种直击内心的力量。所以梅纽因说,音乐比言词更具人性得多,因为语言只是传达实际含义的抽象符号,而音乐比大多数言词能更深切地触动我们的情怀,并使我们用全身心来做出回应。而这在刘歆的故事里也可以找到相近的影子。在刘歆看来,“五声之本,生于黄钟之律。九寸为宫,或损或益,以定商、角、徵、羽。九六相生,阴阳之应也”。也就是说,这种黄钟之律其实是对于我们身外世界的回响的一种应和,或者我们也可以理解为一种对天籁之声的回应。但是,这种理想也许只属于一个宁静的世界,一个万籁俱寂的年代。那个时候,我们的耳朵里还没有那么多声音,我们能听到的来自自然的声响总是悠悠的郁郁的,在耳畔回响。——它绝不属于我们今天生活的这个时代,因为这个时代正如梅纽因所言,“人为的噪音摧毁了人在自然中听到的和谐的声响比例关系,使我们对自然的循环无动于衷;与自然的交流消失了;噪音扼杀了心灵中的自然成分”。而在我们杀死音乐之前,先毁掉的应该是我们自己的听觉和一颗聆听天籁之声的心。

——阅读刘歆也是在阅读一部听觉的历史吗?我不知道,但是读着他的时候,我一直在想,刘歆应该是一个敏感而又有着浪漫主义情怀的人。

房间里的钟滴答作响。我坐在桌前追忆着一段来自天体的时钟的往事。十二律依稀回荡其间。

在所有古老文明中，天体都以一种完美的方式展露芳颜。在中国古代，木星的完美则体现在它的恒星周期为12年——当然我们现在都已经知道，它实际的周期要比12年稍短。而这个12年的周期也带来了一种相应的纪年方法，即岁星纪年：将周天平均分为十二次，木星每行过一次，人们就知道一年又过完了，因为这个原因，木星被叫做岁星。不过，因为岁星实际的周期并非恰到好处的12年，所以每过若干年，岁星就会超过纪年位置一次。每到这时，人们就会根据岁星实际的位置对星次做一些相应的调整。这种方式多少有点被动，就好像坐等岁星这台巨大的时钟走快到一定程度，然后人再跳出来拨拨这儿调调那儿，然后再用上几年再调调。传统的打破来自刘歆。正是在他的三统历中，刘歆给出了一种岁星超次的算法。按照他的计算，岁星在144年中行了145次，按照这个结果算下来，岁星的恒星周期是11.917年，相比于我们现在所知道的11.86年有大约20天的误差。但是，一种新方法的提出常常比结果更引人注目，因为人们由此开始学习将时钟走快的部分消解在时钟的刻度里，那些在天上游来荡去的天体也就此演绎出了更和谐的音乐。我在想，这大概是更重要的一件事吧。

如果生活真是一场戏剧的话，那么刘歆之死应该是这一幕戏剧的悲情落幕。在聚光灯尚未打亮之前，刘歆便以一种天学家的浪漫与悲情谢幕。那一年刘歆大约已到了古稀之年。当时,卫将军王涉和门下道士西门君惠密谋造反颠覆王莽的政权。按照君惠的说法,“星孛扫宫室,刘氏当复兴”。王涉把这件事告诉了刘歆,并且一把鼻涕一把泪地对刘歆痛陈利弊。这位浪漫主义的国师公对着天象推算了一回认为可行,便真的心动不已。不过,按照他的推算,“当待太白星出,乃可”。这虽然再次应和了天的召唤,但是造反没有浪漫曲,由于延误了时机而东窗事发,公元23年7月,刘歆自杀。

据说甚至就在几百年前,天空也要比现在的澄澈很多,那时的夜晚没有灯影闪烁,所以天上的星星看起来几乎触手可及。也许因为这个缘故,地上的人与天上的星是如此接近,星星的闪烁甚至会在人内心的某个地方引起共鸣。那种情怀大概就叫做感动。我在南方城市的夜晚远远望着天上疏疏落落的星,忽然就涌上一种莫可名状的情绪:那就是2 000年前刘歆曾经望着的那片星空吗?

在我写下上面这些文字的时候,我的耳边一遍又一遍回荡着斯特拉文斯基《春之祭》的旋律。因为风格的离经叛道,它在首演时非但无人喝彩,而且引起了一场不小的混乱;似乎令人不可思议的是,它最终被接受也是因为这风格的离经叛道。——离经叛道之事通常要在事情过去多年之后重新审视方可加以评判。《春之祭》如此,刘歆大概也该如此。

一个生活在差不多2 000年前的人在时过境迁之后仍然会扣人心弦，那就意味着他定有不同寻常之处。当我这样咕哝着的时候，朋友忽然笑问：你爱上刘歆了？我不知道。读史如同恋爱，太近了不免腻腻歪歪以致影响判断，太远而过分疏离又会变得形同陌路。既然分寸总是极难拿捏，我只好让心情随缘随风。

有一天，一位朋友讲了一个从书上看来的比喻：男人对女人的爱如同赏画，即使房间的四面墙上挂满了画，他也可以逐一细细品瞧而不会相互干扰；女人对男人的爱则如同赏乐，她只能坐在安静的房间里，聆听一首曲子，如果同时放着几段不同的旋律准得乱套。但是我对她说，我从小时候起就习惯了开着收音机看电视。我们已经生活在一个越来越吵闹的世界，于是习惯了三心二意，而朋友讲的那个比喻也许只属于一个万籁俱寂的年代。——那个时候，我们的耳朵里还没有那么多声音，我们能听到的来自自然的声响总是悠悠的郁郁的，在耳畔回响。

那个年代已经离我们太遥远了。

而刘歆，也只属于那个年代。

2005年2月26日　上海闵行

（原载《民主与科学》2006年第2期，发表时有删节）

2. 1933年，谁在测量中国

牯岭上的客人

江西牯岭(Kuling)似乎格外与洋教士有缘。1895年，第一位从中国官府得到牯岭的租契而开建别墅的外国人李德立就是一位英国循道会传教士。在那之后的数十年间，一幢又一幢的别墅在牯岭建起来，到1928年时，别墅总数已达712幢，其中属于外国人的有518幢。胡适先生曾说："牯岭，代表着西方文化侵入中国的大趋势。"而在1933年夏天，当一位来自法兰西的耶稣会神父到此谒见国民政府主席蒋介石时，西方文化将以一种什么样的方式再一次深刻地影响中国呢？

1933年的夏天对于当时的蒋介石来说是一个忙碌甚至很有些烦乱的季节。无论是外患，还是内忧，都使他面临着巨大的压力。作为对这些压力的化解之一，是年7月18日，庐山军官训练团第一期开学。蒋介石在开学典礼上作

《庐山训练之意义与革命前途的演说》,称这次训练关系到革命的成败与党国的存亡。培养指挥人才是一方面,而另一方面,同样令蒋氏颇为关心的问题则是军事地图的测绘。于是在这个夏天,一位耶稣会神父递来的书信及其亲赴庐山的造访可谓"正逢其时"了。

雁月飞(Pierre Lejay,1898—1958),字瞻云,一位来自法国的耶稣会士,法文原名叫做勒耶。像大多数耶稣会神父一样,雁月飞神父受过良好的科学训练:1926年,28岁的雁月飞获得数学科学博士学位,同年成为天主教神父;此前的4年中,雁月飞一直都在法国巴黎天文台授时部工作。这样的经历为他积累了足够的经验与学识,因此在他获得科学学位的这一年,他被选中负责组织徐家汇观象台经度测量,遂于当年来华进入上海徐家汇观象台。1930年8月,雁月飞被任命为徐家汇观象台(1873年建立)台长,接替他的前任蔡尚质神父。

当他在1933年夏天赴庐山谒见蒋介石的时候,雁月飞在徐家汇观象台台长的位置上已经服务了3年,而这一职位还仅仅是他所扮演的诸多角色之一:他在8月间写给蒋介石秘书的信中曾提到,陆军测量局曹谟要求他研究关于绘制中国地图的可能性问题,而曹氏希望他以国民政府技术顾问的身份参与地图测绘工作。雁神父对此任务十分上心,据他在1933年8月23日写给蒋介石的报告中称,他

"在最近的欧洲之行中,曾与在国际大地测量学会的同僚商量"此事并达成共识,认为以航空摄影的方法测绘中国地图不仅高效快捷而且节省资金,并且他"曾请法国空中摄影署长罗西尔(Roussilie)先生详细研究此事,其结果是:绘制及出版每个省份的地图所需的费用可以少于200万元,时间约需一年"。雁月飞还建议说,如果中国政府有意于此计划,则可与罗西尔先生取得直接联系,并请求他在考虑当地条件及已有的仪器设备的基础上,做出更为精确的计划。

也是在这年8月,雁月飞携此报告赴牯岭谒见了蒋介石。会谈之后,雁月飞即致信法国大地测量与地球物理联合会秘书长佩里耶将军说:"如果一个法国人从事这项工作是一件极好的事,但对此希望不大,我当尽力而行……"关于这次会谈,并未留下更多的记录。但据翁文灏于9月写给雁月飞的信中可以得知雁神父大约是有力地影响了蒋介石,因为就在此次会见后,蒋介石即指令参谋部测量局研究这个计划,而翁氏已将这份计划交给该局。

尽管雁氏跑前跑后对自己接受的任务颇为热心,但此事后来以不了了之告终。究其原因则主要是出于国防的考虑。而上文雁氏所说,由"法国人从事这项工作是一件极好的事",这种"极好"不仅是出于法兰西荣誉的考虑,其中应该也有军事上的考虑。第一次世界大战之后,以航测方法进行陆地测量，用于军事目的，这一研究的优势与重要性已受到许多国家的关注，而在中国，航空测绘崛起于20世纪20年代末30年代初。早在雁月飞向蒋介石提出航空摄影方案之前，中国军政界与测绘界已在航测方面有所计划。1929年10月全国测量会议做出的决议案，曾对当时航空摄影测绘的形势与优势有过简要分析：

> 自欧战以来，因感觉空中摄影效力之伟大，各国争先创办设科研究。十余年来，进步甚速。就其功用言之，则军用地图与军事侦察实为其最著者，一则于极短时间可摄制广域地图以为陆地测量之助，一则于作战时间可摄得敌方形势以作战斗策划之资。他如山川林野等应为各项设政之对象，而普通地图所不能显者，惟空中摄影可得其真形。且我国幅员辽阔，有人迹不易到之地，欲施行大测量尤非航空摄影不为功。是以此项人员训练与组织诚为刻不容缓之图。

显然，对于幅员辽阔、地形复杂的中国来说，航测以其高效与精确的优点远胜于当时其他方法，如能将之用于地图的快速测绘无疑首先在军事上即抢占了先机；同理，如由外国人代庖，则显然会威胁到中国的国家安全。

一条摆促成的"合作"

尽管雁月飞极力想要促成的由法国人完成航测中国地图未能实现——这当然也在他的意料之中,但在20世纪30年代,他还是在中国完成了另一项大规模的测量活动:重力加速度测定。

16世纪,伽利略通过斜面球体滚落实验发现了物体受地球重力下落的加速度规律,当时已大致计算出地球重力加速度值为9.8 m/s^2。此后,科学家们逐渐了解在地球上不同地点,其重力加速度值并不是相同的,而是会随着纬度、高度等的变化而变化。正如人们所知,地球是一个椭球体,假如这个椭球体是均匀的,那么,不同测点的重力值虽有所不同,但将会呈现有规律的变化,这种变化可以根据这个椭球体的形状以及运动状态计算出来,即所谓重力正常值。不过正如人们还知道的,地球并不是这样一个理想的椭球体,而是有着高低不平的表面以及密度不同的内部结构。这就使得重力加速度的实测值与前述提到的重力正常值之间往往存在差异,即重力异常值。

假如仅就科学而言,通过测定与分析地球表面的重力值,可以研究地球重力场并进而了解地球形状以及地质构造,而要揭示重力加速度变化之规律,在全球进行测量是必要的而且是必须的。中国幅员辽阔，地形复杂，因此对于研究重力加速度变化规律与影响因素，无疑是一个很好的样本。

从实际应用层面来看，重力加速度测量特别是重力异常值的计算与分析对于了解地质构造、探查固体矿产和油气资源分布等是一个重要的参照因素。这种应用层面的重要性使得重力测量数据以及结果分析均属国家机密——即使在卫星地图已经十分发达的今天。

由于重力加速度测定的重要性，1933 年 6 月，法国大地测量和地球物理委员会致信雁月飞，拨款 9 000 法郎作为其重力测量活动的经费，而这一年法国重力网测定方面的经费是 30 000 法郎。也就是说，法国大地测量界将全部经费的 30% 放在了远东。

但是，要在异国完成大规模的重力测量，经费资助还只是一方面。

对于重力测量的重要性——无论是科学上的还是国家安全上的，当时的中国科学家们并非没有意识。事实上恰恰相反。比如国立中央研究院（下文简称中研院）物理研究所，1928 年成立之初，该所即把重力测量列为其最重要的几项研究工作之一，并且认为“地磁重力大气诸研究及一部分交通问题，为物理研究中之比较的有地域性质者，此种问题，决无他人可以代庖。吾国幅员既广，气候亦殊，地中蕴藏亦富，若不急起研究，则不特于吾国发展前途发生障碍，且易引起他国由文化侵略而渐入经济侵略之害”。出于同样的原因，国立北平研究院（下文简称平研院）也有大抵相同的计划。但是，对于刚刚开始建立近代科学事业的中国科学界来说，要完成如此大规模的测量活动实在是心有余而力不足：中国领土辽阔，因此工程巨大；一些省份的交通尚不发达，也为测量活动带来许多不便。测量对象的复杂性暂且抛开不谈，最主要的困难还在于测量仪器：当时大多数的重力测量仪器都属于绝对测量仪器，它们的一个共同特征就是非常笨重，且拆装不便，每完成一次测量所需要的时间都在数小时以上。在那个兵荒马乱的年代，以如此的技术装备，要完成中国全境的重力加速度测量根本是无法想象的。

中国同行在技术手段上的困境成为雁月飞神父得以介入中国全境重力测量的关键因素：早在 20 世纪 20 年代末，雁月飞即与另一位物理学家荷尔威克开始研制一种相对重力测量仪——荷-雁 42 重力摆。1930 年 6 月，他们在法国科学院例会上报告了他们的重力摆，在随后的几年中，该摆在结构上得到显著改善，无论是其精度之高还是其体积、重量之小，抑或是该仪器的安装与观测之简便，都达到相当高的程度，甚至它的研制者也表示，“很难想象将来人们还能完成比它使用更方便的装置了”。

就在雁氏首次报告重力摆研制工作几个月后，1931 年 3 月，刚刚就任平研院物理研究所所长之职数月的严济慈即致信雁月飞称，“我们很需要你的摆……希望能紧密合作”。雁月飞在写给严济慈的信中则回复道：“对中国来说，该仪器极为合宜，因为该仪器只有几千克重，而且能在几分钟内测得与一般的摆同样精确的‘g’值。这样很快就可以建立一个相当密的重力网。我们的仪器已经定型……两个重力摆、两个守时摆的价格是 50 000 法郎……无论如何我要为徐家汇带一台来，因为在远东沿海有很多地方要求我测定这一数据，将有许多工作要做。”

1933 年春，当雁月飞的远东重力测定行程抵达徐家汇后，严济慈便即刻赴沪拜访；与此同时，平研院在 5 月间向徐家汇寄出一份公函，提议由雁月飞在平研院“建立中国的重力测量网的工作”中作为该院的成员之一共同合作，而旅费则由平研院负担。

正是在这样的背景下，雁月飞神父开始了他在中国历时两年半的重力加速度测量。

乘军舰测定重力

由于有了平研院的邀请，当雁月飞于 1933 年开始在华北进行大规模重力测量时，他的身份并不仅仅是徐家汇观象台台长、政府科学顾问，还是平研院特约研究员。身兼多重角色使雁月飞能够获得包括平研院、中国国民政府以及法国军方等的帮助，这为雁氏在纷飞炮火之下的测量带来了许多便利。

在历时两年半的测量期间，雁月飞神父在发表了大量科学报告的同时，也写下了许多书信，在简短记录他的经历——这大多是为了向他的国内同行报告行程——的同时，也向他认为合适的机构提出要求帮助的愿望。这些信件粗线条地勾勒出雁月飞测量活动的基本线索，人们从中也大致可以想见，这位科学博士、耶稣会神父如何周旋于当时的社会各阶层人士之间，巧妙地处理着各种关系，以完成其在华的测量活动。

尽管雁月飞是以平研院特约研究员的身份在中国从事重力测量活动的，但这并不全是一次科学界的民间合作。事实上，他的活动得到了中国官方的默许乃至协助。个中缘由还未找到书面的证据，不过想来无论是科学层面的还是国家经济层面的重力测量对国民政府都将是十分有用的，而从当时的形势来看，相比于军事地图的航测，借用他国技术手段绘制重力图之弊处也许还不那么致命吧。

1934 年，雁月飞即将赴福建从事其测量活动之前，他曾致函厦门法国领事馆，希望后者能给予其测量活动以保护。在当时，国共两军正在闽浙赣一带激烈交战。厦门法国领事馆在6月13日的回信中，提及当时的福建绥靖公署主任蒋鼎文的秘书长鲁东生就此事的回复，从中约略可以看到雁月飞即将面对的工作环境："……福建公路刚被修好，就立即遭到破坏，因此道路不通，尤其是桥尚未修好。此外，在某些地方还会遇到歹人。因此，要我们给予足够的力量来保护雁月飞神父是困难的。只有从厦门经漳州到龙岩去的公路在天气晴好的时候是较安全的。"尽管路况不好，但据领事馆在此信中所披露的，"真正原因是我派你去的那个地区到处有强盗，经陆路返回福州是不可能的，莆田和福清上的大路已被切断。政府正与江西共产党作战，无能力保证去内陆旅行者的安全。全部后备军都在战线上"。但按照该信所认为的，当时"唯一安全的路是从厦门到龙岩去的这条路，因为这条路是在该地段作战的四个师的给养线"。对于雁月飞的活动，想来法国领事馆是提前有所安排，因此该信请雁氏在决定了日期之后便知会领事馆，或者更简单的办法是"直接寄信给蒋鼎文将军，他对雁月飞神父将会做出必要的安排"。根据这封信中所提示的，雁月飞得以在战火的间隙完成了他在福建的测量：1934年5月30日在厦门，6月27日在漳州和龙岩，28日在和溪，29日再赴漳州……

测量包括福建在内的中国南部沿海44个测点，雁月飞前后花了两个月时间，而这番经历对他来说无疑将是难忘的。测量结束之后的7月10日，雁月飞致信佩里耶将军报告说，在福建从事测量活动的时候，他甚至可以“听到子弹的呼啸，但这并不很危险”，尽管如此，他也直率地表示，“这次由于得到军事保护，得以深入一个中国最多扰乱的省。如果没有军事保护，因为定然有去无回，我就不会动身去那里了”。另外，“在中国其他省份的旅行是在周围都是土匪的环境中进行的，但是因为乘坐一艘全副武装的海关巡缉舰以及一艘有士兵保护的沿海轮，因此十分安全”。

无论是听着子弹呼啸声进行的测量，还是乘坐海关巡缉舰的旅行，虽然听起来颇有戏剧性，但在雁月飞此次两年半的重力探险中可能只是寻常事。

比起在福建有惊无险的测量，雁月飞对于即将开始的湘鄂之行显得更为忧心忡忡——在当时，共产党在湘鄂赣、湘赣、湘鄂川黔等地区相继建立了根据地，而要在这些地方开展测量活动，在雁月飞看来无疑充满了各种未知的危险。还是在写给佩里耶将军的信中，雁月飞这样写道：“今年十月，我将在长江流域进行重力测量，在长江上游测量是很困难的事，因为这要穿过完全是共产党的区域，在那里要采取些预防措施。”

作为一位法国公民的雁月飞于是想到了寻求法国海军的保护。几天后的7月22日，他致信法国远东舰队司令、海军少将里夏尔，函请法国远东舰队协助其重力旅行。雁月飞写道:“如果情况许可,我尽可能不放过进入内地的机会,究竟可能去什么地方,很难预计,我知道可以沿江到长沙,在长沙有一段铁路向南约六十公里,并有到各方面去的路。为此在长沙要停泊较长的时间,以便弄一辆汽车,并多测几个点。同样在重庆向成都方面也是如此。”对于其可能面对的形势,雁月飞分析说,“从九江出发,一部分湖内是可以通航的,任何情况下都可以由铁路到南昌。我的旅行可能回到汉口结束,在那里我可以转到郑州,在陇海沿线测定以后,由铁路回上海”。“沿长江的某些部分或福建等地,可以坐太古公司的班船去的,但是有的地方停泊时间很短,就不可乘太古的船了。”

雁月飞的请求在十天后得到回复,在1934年8月3日的回信中,里夏尔少将告知雁月飞,批准其乘坐“特拉格来”舰从事长江流域重力测量:“除下列地点外,该船可按照你提给我的计划停靠: a) 鄱阳湖沿岸的点,特拉格来舰不能去,该舰在九江停几天,以便你由铁路去南昌;b) 特拉格来舰到Suifu有问题,为此上航至重庆为限”。“特拉格来舰于9月初在上海启程,将于11月初到达宜昌并于11月10—15日到达重庆。你可直接与该舰舰长商定该舰的航行计划,在必要时将此计划用电报告诉我,经我批准。”另外,此次旅途中的费用,由雁月飞直接付给该舰舰长,而中国当局方面则由雁氏自行交涉。

1934年11月4日至1935年2月10日,雁月飞历时3个月完成了中国中部67个测点的测量。关于这3个月的经历,尤其是雁神父是否确像他所担心的那样与共产党遭遇,在徐家汇观象台后来保存的档案资料中尚未找到文字记录。那是兄弟失和、刀兵相见的关口,生死搏杀之际,想来交战双方都无暇顾及一位洋教士的活动吧。

西南之行

1935年三四月间对中国西南21个测点的测量,是雁月飞在华重力测量的最后一站。

1935年2月13日,雁月飞在即将动身之前曾写信给严济慈称,"为了获得必要的方便,以完成西南地区的重力测量图,我想可以这样进行: 必须从李宗仁元帅那里得到一辆车子……""研究院可以正式写信向这二位长官提出要求: 1. 给西南各省地方当局的介绍信;2. 拨车子一辆供我们使用……"。这样的周旋显然是成功的,在张鸿吉后来的记述中,一个月后的3月27日,在二人平安抵达广州之后,"雁先生复往晤西南五省外交专员,甘介侯先生,请发给证明文件并电西南诸省关照"。

尽管事先有此准备,但变数是无法避免的。

科学报告当然无法复原当时的艰辛,但一篇发表于

1935年的《国立北平研究院院务汇报》上的文章却约略记录了当时的情景。该文题为“物理学研究所派员赴两广滇越测量重力加速度之经过”——从这个标题也可以看出,由于雁月飞神父有“平研院特约研究员”的身份,其测量也因此成为该院研究工作的一部分了。作者张鸿吉,是当时平研院物理所的一名研究人员,他是平研院派出的两位与雁氏合作测量的研究人员之一,另一位是鲁若愚。

按照张鸿吉在文中的记述,1935年4月,当他与雁月飞抵达云南昆明欲进行测量时,政府正在忙于作战,因此“车辆尽数征为军用。同人抵省之先,报纸即已刊布,各方皆能重视,但二十日整日往返交涉,不能得一汽车;且当此军事倥偬之际,当局亦难负保护之责。处此进退两难间,法国驻昆明领事 A. Gandon 愿自驾私人汽车,供同人前往安全地带测量。云南公路不甚发达,向西只有通大理一路,且系新筑,尚未完全成功。……路上桥梁,以及沟洞悉系用数根圆木搭成,上盖泥土。经雨打风吹之后,泥土大半脱落,木亦腐蚀,汽车不能通过。因其上尚留泥土,远望不显,故车行不能快速,须时时留意前方是否可以通行。计修路搭桥多次,方达楚雄,为时已下午四时矣”。在楚雄的测量结束后,因不便住宿,因此稍稍用餐之后,二人即连夜东返。“月夜中汽车曾倾侧一次,机件损坏二次,遇狼一次,觅水一次。抵昆明时汽油已尽,乃自城外乘人力车进城,抵寓时已翌晨九时余矣。”

虽有如此种种磨难，但西南的测量也还算得圆满。正像所有的学术论文结束之前都会写下致谢一样，张鸿吉在他的文章中也写下了这样一段致谢文字：“此次测量，备荷所到各地地方长官人士及学术机关之赞助。尤蒙广西军政当局第四集团军李总司令宗仁，白副司令崇禧，黄主席旭初惠借汽车，招待备至；南宁的广西省立医学院戈院长绍龙及气象所马所长名海之热心协助与照拂；滇越铁路 M. Hilaire 惠借公事车一辆并准沿路免费乘车；昆明法国领事 A. Gandon 日夜亲驾汽车陪同测量；以及张明德先生之沿路招待；使工作得以便利进行，所极感谢者也。”——重力测量当然有其科学上的重要意义，但其影响已延伸到科学之外了。

尾　声

雁月飞神父在两年半的测量期间所取得的实测数据以及由此算得的重力异常值在 1933—1935 年间分别由法国科学院和中国国立北平研究院以多种版本刊布，其中一些还曾在法国科学院宣读。伴随着雁月飞测量活动的展开，中国最早的重力网初步建立起来；也正是通过雁月飞的测量，中国作为一个重要的数据采集地被嵌入法国（乃至世界）重力研究的历史中。

时隔多年之后回头再看，那也许更像是扩张年代里的一场资源与国家安全之战，但却很难说清究竟谁是真正的赢家——因为所有事后的判断几乎都出于一时一地的考察，而历史却是如此漫长，如此山重水复。不过，大致可以确定的是，无论是雁月飞将测量仪器与方法应用于在华测量，还是中国本土科学界的参与和学习，其实都是同一个过程——西方科学实现其在地域上的扩张——的两条线索吧。

（原载《先锋国家历史》2009 年 10 月号）

3. 佘山记

那天下午当我坐的车在盘山路上转了一圈又一圈而终于转到公路上之后,心里忽然就有了些空荡荡的感觉。那的确是一段难忘的经历,即使只因为这么一个理由:在上海海拔最高的图书馆读书而且一读就是十天。

佘山之巅,海拔 99 米,是上海海拔最高的地方,而建在佘山上的那座图书馆就这样当之无愧地成了上海海拔最高的图书馆。

图书馆建于 1900 年,面积近 200 平方米,是近现代中外天文学图书资料的宝库。馆里收藏有 2 万多册、600 余种、26 个国家出版的天文期刊、科学专著和其他书籍,以及大量手稿、照片、原始记录、信件、绘画等文物。藏书中的一些欧洲 18 世纪出版的珍品,用带水印的优质纸张印刷,在经历了 200 多年沧桑岁月后,仍保持洁白如新。

写在说明牌上的这段文字已经基本上讲清了这座图书馆的身世。1899 年，曾经创建了徐家汇观象台的耶稣会士在佘山上建了圆顶，1901 年完工，佘山天文台的天文工作由此开始，而那座图书馆也正是在彼时建立的。

走进藏书室

那天上午九、十点光景，我站在了那个现在叫做 213 的门前。打开门时，里面漆黑一片。合闸。灯光亮起。一直想要走进的三间藏书室就这样近在咫尺。台里的朱老师和周阿姨帮我找来了台灯和热水瓶。在后来的十天里，这三间藏书室就是属于我一个人的世界啦。——这个表述多少有点自恋，但是我相信，任何人只要在这里待上一刻，都会生出与我一样的想法。

台灯放在第一间藏书室，也就是说，在我上蹿下跳翻找出各种书之后，我都会把它们拿到这一间来读。就在这一间藏书室里有三个人像，一个站在书架前捧着一本书，眼神凝重；一个站在梯子上看着刚从书架上取出的一本书；还有一个则坐在壁炉前读书。三个人像在昏暗的灯光下显得尤其逼真，因此当我最初走进藏书室的时候，着实吓了一跳，后来再进来时就习惯了，再后来愈加习惯了有人陪我读书——三位民国时期装束的人陪我读书，让我总以为自己也真的变成了那个时候的人。在读书的间隙，我偶尔会看着他们发呆，而昏黄的灯光则像一件能令人迅速入戏的道具，让我以为真的能够穿越时空，回到一百多年前的佘山。

藏书室的百叶窗是封住的，再加上三间藏书室都是朝北的房间，所以温度不高。特别是离开佘山前的那两天，上海大风降温，藏书室里只有不到6℃。不管是坐着看书，还是爬来爬去找书，只一会儿，手就已冰凉。人在寒冷的时候大概就会想念温暖，而每次当我冻得不得不停下来抱着水杯暖手的时候，我都会想象身边的壁炉正温暖着，火光一闪一闪。一百年前佘山的冬天也许比现在还要冷，然而当壁炉燃起，守着这许多书的时光该是很幸福的吧。

一直以为，探寻历史是需要一点想象力的。这倒不是说用想象来编故事，我想说的是，当面对这许多年代久远的陈迹时，除了赋予它们一种解释之外，还可以用想象连缀一些故事，用那个时代的人的脑袋思考，呼吸着那个时代的人们呼吸的气息。——置身事外，而又身处其中，这会不会是回看历史的一种最好的角度呢？

……藏书室的书架上下共分为十格，从地板一直排列到高约4.8米的天花板，至今仍完全保持原状，连取书的竹梯、木凳都是原先的旧物。图书馆的建筑结构和书架陈列风格以及馆内的常用物品，与徐家汇藏书楼颇为相似，两处的建筑当出自同一设计师之手。

（藏书室说明文字）

第一次走进藏书室的那天上午，十天的发现之旅就有了一个特别顺利的开篇。

除了高达十层的书架上码放的书之外，藏书室里还有不少书是捆扎起来的。考虑到书架上的书取放总是简单些，我于是选择了从这些相比起来有一些麻烦的成捆的书开始了。——写到这里，我不得不夸奖自己的有备而来：手电筒，原是为晚上回宿舍而准备的，但是在宿舍楼道没用上，却在找书的时候派上了大用场。

满布灰尘的书，一捆一捆地打开，一本一本地翻找，一个个早已熟悉了的名字也越来越多地出现在那些书那些册的封面上：Chevalier，Lejay，Moidrey，Gherzi ……每一个名字后面不只关联着他们所擅长的专业，还有那些关于往事的“回忆”，虽然那是一些我根本无缘经历的故事，但是当那些名字一个个地跳出来，故事也几乎就在眼前上演了。

虽然书上落着灰尘——事实上这是难免的，不过，书倒是保管得还好，一方面因为这里会定期除湿和检查虫蛀，另一方面大约是因为在许多年里从没有人动过那些书。就在这样的时刻，我又开始自恋：那些书藏了这许多年，似乎专为等待一个人来打开它们阅读它们，而现在，这个人就是我。

书上并不只是落满了尘，还有——

一只不知名的小小甲虫，急匆匆地行。下意识地，食指轻轻一弹，那虫就不知落到什么地方去了。也就在食指弹出的瞬间我却忽然心生许多后悔，想着那虫与书原是相安无事——那虫不是驻书的虫，那书也没有丝毫损坏——却因为我而结束了悠悠然的日子。

与在满布灰尘的书堆里翻腾相比，爬到梯子上取高处的书属于难度系数稍大的动作，好在我身手也还算矫健——虽然当前几次爬到梯子上时心里还是有点揪揪的。

按照前面那个说明牌的介绍，梯子也是一百年前的旧物，这虽然令人很生出历史感，但同时也很令人生疑：一个已经一百岁了的竹梯，能否经得住我这么爬来爬去呢？这当然要爬过以后才知道了。梯子挂住在书架最上部的一个横梁上固定，爬上去时晃晃悠悠，取书的时候还好，而书与书之间排得很紧，再想把书放回去的时候就得费一点劲了。因为有一只手要扶在梯子上，所以只能用一只手把书归位，手上稍一用力，梯子就晃，心也跟着提到嗓子眼，只是几秒钟而已，但已经足够吓出恐高症——可能恐高症这事也是能被吓出来的。后来想了想，4.8 米，其实可能也没多高，用现在的楼房来折，大约也就不到两层楼吧？大约凡事都需要给自己时间来适应，适应了就没事了，在后来的几天里，我已经可以站在梯子上读一本书而完全不会心慌了。

浮"光"掠"影"观天文

我要查找的资料,其中一个重要的主题是中法天文交流,因此,当我在书架上看到了整整两排的《天文》(*L'Astronomie*),立刻就停下了手上正在读的另一本书,而开始了对这两排加起来数十本《天文》的啃嗑。

《天文》来自法国天文学会,创刊于1887年。它有一个很长的副标题叫做"法国天文学会公报及天文、气象与地球物理月刊"(*Bulletin de la Société Astronomique de France et Revue Mensuelle D'Astronomie, De Météorologie et de Physique du Globe*),其主要内容在副标题里已经说得再清楚不过。但是很可惜,我没能找到它的"创刊号",而我在图书室里找到的最早一期出版于1895年,此时这份公报问世已是第九个年头,想来该是发展得较为成熟了吧。

阅读这样一份长时间跨度的国外期刊,在我看来至少有两方面的积累是必要的:其一当然是语言;其二则是对该刊所处时代的历史背景以及科学发展的背景有所了解。我在这两方面皆属二把刀三脚猫,实在有点不知深浅仓促上阵。不过,我可以借用兵叔刘爷的经典句式安慰自己,"读外国书,懂与不懂都是收获"嘛。更何况我的阅读也并非全无准备而来——几乎在翻开它的同时,我在脑袋里迅速地将“关键字”过了一遍，人物、地点、事件，要找什么就已经基本上心中有数了。不过，当我一页页地翻过去时，我总是会被那些图片所吸引而停下来，然后就会像童话故事里那只一边钓鱼一边扑蝴蝶的小猫一样心有旁骛一回。拥有大量丰富的插图可以说是《天文》的一个最直观的特点了。谁说我们生活的时代是“读图时代”？早在一百多年前，法国人就已经很会捕捉光影之间的变化来呈现文字所无法呈现之景象，运用画面来解说文字所不能及之意义，而这也给语言尚不过关的外国人——比如我——带来了许多阅读的便利，让人一边读一边不由得对法国以及法国人生出许多好感。

> 最近一次令人震惊的维苏威火山爆发刚刚停息，旧金山地震又给惊呆了的世界带来新的打击。意大利的火山喷发肆虐于4月5日至12日。新一场灾难开始于4月18日早上5点13分，大地剧烈抖动……持续了两三分钟，城市的大部分于瞬间被火光吞噬。

这是刊载于1906年《天文》上的一篇关于地震的文章，惊心动魄的开头引出惊心动魄的报道，而比文字的效果更为直接的是图片，尤其是同一座建筑在震前与震后的变迁更是有着非常强烈的视觉效果。

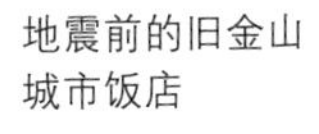

地震前的旧金山城市饭店

地震后的旧金山城市饭店

地震后某教堂内部

（载 *L'Astronomie*，1906，263—272）

顷刻的毁灭在鲜明的反差之间表现得一览无遗，当那个可怕的时刻以此种方式乍现眼前，谁又能不为大自然的力量而惊叹呢？另一个问题随之而来：在如今这个所有图像都可以 PS 以至于人们常常会分不清真假的时代，一张图片是否还能有如此巨大的影响力呢？我不能确定。

但是图片所能给予观者的并不只是“我在现场”的真实感。当人们试图勾勒出面对着壮美的自然现象的早期人类图景时，大约艺术与天文学也就找到了最初的根芽，刊载于 1915 年乃至其后几期《天文》上的一篇题为《艺术与天文学》（L'art et l'astronomie）的文章，其所要讨论的话题也正在于此。而在这样的文章中，图片显然是必不可少的。仅就 1915 年那一期而言，文中选配的插图包括埃及、印度、希腊等古代文明流传下来的绘画、雕塑、建筑等艺术品的 12 幅照片（整体或局部）。此文作者名叫F. Boquet，是一位来自巴黎天文台的天文学家，彼时任法国天文学会副会长。

阅读此文时自然也会联想到今天关于科学与艺术的种种讨论，想到这一渐渐热起来的话题在20世纪初曾被谈论得如此有“声”有“色”，心里对浪漫的法国人的好感也就愈发地叠加堆积起来。

天文学也许是最适宜以图像来表现的学问了，而在《天文》中，以图像来表现的有关天文学的主题包括：自然现象、天象星闻——除了前面说到的地震之外，还有火流星（Bolide Remarquables, 1901, 105—108）、“历史上的哈雷彗星”（La Comète de Halley dans L'Histoire, 1910, 221—235）、“在洛韦尔天文台拍摄的火星图像”等；人物、事件——前者包括有关第谷、伽利略、拉普拉斯等科学史上著名人物的生平传记，后者则有“路易十四参观巴黎天文台”（1911）等；世界天文机构及其建筑——巴黎天文台（1908，105—117）等；实用指导——比如“制作一台爱好者的望远镜”（1949）等。

写到这里我不得不多扯几句。后来我又找到了英国和德国的天文年刊，因此也就发现了三种天文刊物最显著的不同：与法国年刊大量丰富的插图不同，英国和德国的年刊中几乎看不到什么插图，而德国的年刊中还有另一个特点，它的每个段落前都标注着数字——原来早在一百多年前德国的天文学家们就已经实现“数字化管理”了，据我猜想，对于想要高效率地查找与记录文献的人们来说，这种数字化的做法将会很实用。（事实上，在我后来对文献进行翻译整理的过程中，我也借鉴了这种做法，在每段的段首以数字标记之，从而在我需要查阅的原文与译文之间建立了一种最直接的关联。这也算是此次闭关期间在读书之余最立竿见影的收获了。当然，这是后话。）法、英、德三国的天文年刊分别暗合了我印象中的法、英、德三国人的特点，倒是有趣。

——若论办一份吸引人的科学刊物，上世纪乃至上上世纪的法国人该是早已深谙此道了吧。

《天文》上的中国人

我用差不多两天的时间把所能找到的《天文》翻了一遍，其间除了对“关键字”的搜索以及在漂亮图片上稍作停留之外，还特别注意了一下出现在那上面的中国人的名字。这一方面是因为我对那个时代中国天文学家与国际同行的交流很有些好奇，另一方面则是因为中国人的名字与欧洲人的名字在拼写上有太大的不同，因此当它们在文中出现时也实在很显眼。当然，两天时间穿越四五十年，这无论如何都有些匆忙了；更何况每一年都是数百页，拿在手里厚厚的像部字典，所以我很难说自己的观察就有多么充分，事实上，即使再多给我一周时间，这“充分”二字怕是也很难实现。不过，即便如此，当我终于在满纸的法国字儿中找到中国人的名字时，我还是十分留意地将它们记下来。一次两次三次……，不多，但事后细想颇值得一写，我以为。

仅就我目力所及，《天文》上中国人的名字并不多，高鲁是其中之一。说到高鲁，他是中国近代天文学事业的开创者，中央观象台的第一任台长，后来又为中央研究院天文研究所的创建付出了许多心血。几年前跟着老板研究紫金山天文台的时候已然对这个名字十分熟悉了，而在我目前的研究中，我也曾不止一次找到他用法文写的书信。但是令我感到很惭愧的是，当我在《天文》上看到他的名字的拼写“Lou Kao”时，我虽然意识到这是一位中国人，但却没能立刻反应过来，迟疑了半晌，我才恍然大悟。我一边为自己的反应迟钝而心存歉意，一边开始琢磨那些文字中的意思及其背后的故事。

那是高鲁寄给时任法国天文学会会长弗拉马利翁（C. Flammarion）的信，1913 年 1 月 20 日写于北平——

会长先生，

我们很荣幸地给您随信寄去两部中华民国历，一部系本年的，另一部则是去年的。我们很高兴地将这些书册赠送给您，它们是我们年轻共和国的最好的纪念品之一。上述历法是按照格里高利历编制的……

(1913，187 页)

一纸短笺，书写的其实是当时中国一件不小的事：改用阳历。与其他除旧布新之举措一样，改历是新生的中华民国面对的一件重要任务，新历法的编制正是在精通历算的高鲁主持下完成的。1912 年因此成为中国改用格里高利历的年份。国民政府后来在推行阳历的过程中遭遇了许多阻碍，限于篇幅，暂且按下不表。关于高鲁，想再多言几句的是，工科出身的高鲁，其所以在天文学上有所建树，这在很大程度上要归因于他留学期间与法国天文学家弗拉马利翁的一次邂逅，在后者的影响下，高鲁对天文学发生了浓厚的兴趣。关于弗拉马利翁，相信读过《大众天文学》的人都不会对他感到陌生，而上一节中那篇关于地震的精彩文章也正是出自弗氏之手。

高鲁后来离开天文学界而转入政界，这中间有许多“人在江湖，身不由己”的无奈。陈展云曾对此甚感惋惜。假如高鲁继续留在他所热爱的天文学界，那么中研院天文研究所后来的发展也许将是另一番走向，但毕竟，历史没有TAKE TWO，因此也就无从比较两种走向之高下。在数十年后回望天文研究所的成长历程,尤其是它作为中国人自己的第一座现代天文机构而在兵荒马乱的年代所作的贡献,我相信许多人都会认为,也许高鲁之弃天从政的确是中国天文学界的损失,但他将接力棒交到余青松手中之做法无疑是意义深远的。

再一次地,我想说,《天文》上中国人的名字并不多,余青松也是其中之一。

1927 年,斯特拉斯堡天文台(L'Observatoire de Strasbourg)的天文学家 A. Danjon 在一篇关于天文学研究进展回顾的文章中提到了余青松(Ch'ing-Sung Yü)在 1926 年的一项工作。按照文中所介绍的内容,该工作指的是余氏发表于 1926 年的论文《狮子座 ζ 星之光谱变化》(On The Spectral Changes of ζ Geminorum)。此时的余青松尚在美国留学,年仅 29 岁;也是在这一年,余氏创立的恒星光谱分类法,被国际天文学会正式命名为"余青松法",不久即在世界天文研究领域内被广泛应用。后来,英国皇家天文学会因其"对世界天文学研究做出的卓越贡献",吸收余青松为该会第一位中国籍会员。

1929 年,高鲁赴法就任中华民国驻法公使,已于两年前回国教书的余青松成为高鲁的继任者。正是在余氏手中,高鲁欲在中国栽植近代天文学之梦成为了现实。1936 年 6 月 19 日的日全食,余氏率队进行了成功的观测;抗战期间,又是余氏率天文台内迁，并在昆明凤凰山建立了天文台，从而在那个艰苦的年代将观测工作一直延续下来。也许在苛求的人眼里，这些成绩对于一个国立天文台来说实在不算什么，又或者有人抱怨正是因为余青松的疏忽，天文台的仪器在抗战期间遭到了不同程度的破坏。但是我以为，余青松不仅实现了那个时代许多中国天文学家的梦想，而且还小心翼翼地保护着这个梦，让它虽经战乱而未曾破碎。在他所完成的最重要的三件工作中，其中任何一件都足以让他闪亮于近代中国天文学史册上了。

当余青松于 1940 年去职之时，接替其所长职务的是张钰哲，而他正是我在《天文》上找到的又一位中国天文学家。1929 年，在一篇关于天文学研究进展的文章中，当论及 1928 年所发现的三颗彗星时，作者提到了张钰哲（Y. -C. Chang）有关其中一颗彗星的研究：发表于 1928 年的《天文学通讯》（*Astronomical Journal*）上的论文 On the supposed identity of Comet Reinmuth （1928 a） and Taylor's Comet （1916 I），在当时中国科学期刊上，它被译作《1928 a 与 1916 I 彗之想象相似》。这一年，26 岁的张钰哲正在美国叶凯士天文台作博士。

高鲁、余青松、张钰哲，同样来自中国福建，同样怀揣科学救国之梦留学海外，同样执掌过中国人自己的第一座近代天文台，同样的，又以这种方式相遇在同一份刊物上，这是一种命运的巧合吗?

透过上述种种线索,我们似乎可以发现20世纪上半叶中国天文学家与国外同行交流的两种途径:其一,与国外同行的书信往来(包括交换期刊);其二,将研究成果发表于国外专业期刊上,从而受到国外同行的关注。与外国传教士在华工作相比,这两种方式的力量与影响也许是微弱的,但却如此珍贵,因为正是有了他们的努力,才让20世纪的天空也记下了中国人的名字。

教堂、星星及其他

有圆顶的地方就有教堂,这是20世纪耶稣会海外天文台最大的特点。某天,当我坐在佘山上那座教堂里想到这一点的时候,我很为自己的“发现”而高兴,但仅仅几秒钟之后,我就意识到,这其实是一个显而易见到根本不需要说明的事实,以至于将它归结为一个“特点”似乎都有些多余了。

耶稣会成立于1524年,它是最早来华传教的修会。从诞生到发展,耶稣会经历了几番浮沉起落,与此相应地,耶稣会士的在华传教活动也经历了前后两个不同阶段:明清时期的传教活动与清末重返中国。前者以利玛窦、汤若望为代表;后者则主要集中于江南教区,而徐家汇观象台及其下属的佘山天文台、绿葭浜地磁台正是清末至民国时期耶稣会在华传教工作的一部分。除中国之外，在当时，耶稣会士的足迹遍及世界许多角落：澳大利亚新南威尔士、菲律宾马尼拉、美国乔治敦……一批耶稣会天文台在世界各地建立起来。

1842 年，三名耶稣会士来到上海；1873 年，徐家汇观象台创建并正式开始从事气象观测；再往后就是在距徐家汇 25 千米的佘山上建成天文台，那是 1901 年。

而耶稣会士们选择佘山建造圆顶的原因，一是地理位置，二是宗教原因。

按照该台传教士的记述，佘山是位于松江府平原的小山丘，与徐家汇的直线距离 25 千米，其岩石由斑岩、长石岩以及硅质的岩石、霏细岩（eurites）和长石砂岩（arkoses）等构成。"佘山"这个名字所表示的其实是一个双山丘：东边的一个叫做东佘山从东北延伸至东南；另一个在西边的称作西佘山，从西延伸至东；一条几乎与平原在同一水平面上的狭窄隘谷，将东西佘山隔开。西佘山，上海人称之为"修院山"（Monastery hill），其最高处海拔 99 米，是上海最高的地方。

天文台并不是最早落户此地的耶稣会机构。1871 年，耶稣会士在西佘山顶建造了一座圣母玛利亚大教堂。其设计采用当时最新式的非对称式罗马风格，设计师为葡萄牙籍耶稣会士叶肇昌（Francis Diniz）。教堂里那些精美的彩色玻璃也同样体现了这种非对称式的风格,不过非常遗憾的是,教堂落成时的那些彩色玻璃全部在40年前的浩劫中毁于一旦,现在的玻璃是后来重新订制并安装的。

尽管教堂占据了山顶,但是山脊向东延伸出一片空地,其面积足够建造一座天文台。对于耶稣会士们来说,这种布局无疑是具有象征意义的。按照传教士们后来在《佘山天文年刊》(*Annales de L'Observatoire Astronomique de Zô-Sè*)创刊号上所记:"教堂和观象台并肩耸立,两座友好的建筑,彰显天主的光荣,一座有助于凝视闪耀在辽阔天空的天主的尊严,另一座为在祷告中寻找上帝的心灵带来了照亮他们的光芒和支持着他们的力量。"

因此,无论从地理条件还是宗教环境来说,佘山都很适合建立一座耶稣会士的天文台。但就气象条件来看,佘山的缺点也是明显的,因为湿气很重,所以佘山如同"身处一片沼泽地的雾气之上"。不过这种气象条件的缺陷是到后来观测时才显露出来的。

我在佘山的时候,从我住的地方走到我工作的地方是一条只有数百步的小路,而那条小路就在教堂的下面。于是,每一天,当我从这条小路走过时,我都会仰头望望,想着一天的工作又要开始或者已经结束,心似乎也愈发地宁静了。就像水下是缓解压力的好去处一样,天其实也是一个令人释然的处所,有意思的是,在很远很远的地方,天与水原是连成一片的。这是否也算是大自然的一种暗示呢？——如此这般的胡思乱想，在我每天“上班”与“下班”的路上随时都在发生着，而更多的胡思乱想则来自我坐在教堂里发呆的时光。

每天中午，我都会从天文台的院子里走出来，走下天文台门前的一个小斜坡，拐上另一个小斜坡，走到教堂。中午时教堂里几乎没有什么人，而我总是在那个时间拣一个很靠后的角落坐定，发呆，五分钟或者更短的时间。教堂内部高大、华美，却并未因此而忽略了细部的刻画，这是我喜欢的风格，抓着相机的手总是痒痒的，想把我着迷的每一处细节拍下来，但终于放弃。按照这里的规定，进入教堂后是不许拍照的。坦率地说，我在守规矩或者不守规矩之间着实犹豫了几秒钟，最终我选择了前者，毕竟事关信仰，尤其是他人的信仰也就更应该尊重。在教堂的前部，长长的，从教堂顶上吊下来的，大约是烛台（后来我一直也没有走到前面去验证一下究竟是不是烛台，因为总感觉那里离天太近了，会令人晕眩）。凝视着它的时候，忽然就想起了伽利略，据说他就是在教堂礼拜时看着吊下来的烛台或是钟摆走神而受到启发，可我却只能这样呆呆地看着，什么都发现不了，什么也都想不出来。然后我会轻轻地离开，回到天文台继续翻检耶稣会士们留下的那些宝贝。

“每天中午，我都会从天文台的院子里走出来，走下天文台门前的一个小斜坡，拐上另一个小斜坡，走到教堂。”我一直以为那就是从天文台到教堂最近的路，直到几天后一个阳光灿烂的中午，当我在天文台的院子里走来走去东张西望时，我才知道事情并非如此。——站在天文台的院子里，教堂其实触手可及，虽然二者之间现在以围墙和栅栏隔开，但那种接近所带来的体验依然是震撼的。我开始重新在脑袋里描绘当年耶稣会士行走于两座建筑之间的图景，那条路不再像我最初想象的那么复杂——事实上，从这边到那边，轻巧的，只要几步。如果有人要在彼时与我讨论科学与宗教，我一定会晕掉，因为就在彼时，我还能做的全部的事就是站在那里痴看、痴想。

佘山上已经百岁高龄的远不止是天文台，还有那些树，桂花、山茶、白栎、瓜子黄杨……按照说明牌上所写，它们都有一百岁了。栽下这些树的人早已随逝去的岁月而消逝，但是一百岁的树依然挺拔。上一次去佘山的时候，山上有位兄台曾说起过，十月里，那株百岁的桂花树仍然会满树开放，当甜甜的桂花香充溢在空气里，晚上躺在屋顶上看星星是一件很享受的事。“现在山上还能看到星星吗？”面对我的满眼狐疑，这位兄台说其实你根本不必在意看得到或者看不到星星。这句话很合我喜欢的调调，所以我记住了。这位兄台那么一说，我就不说话了，然后开始自顾自地想。

其实，每一次当我看星星的时候，我想看的星星一直都在那儿,不管我看得见还是看不见。写到这儿,我不得不给我写下的这些字儿加上一个有点遗憾的结尾:在佘山的那十天,我忘了要在晚上出去看星星,虽然那是上海离天最近的地方。

(感谢佘山上的诸位前辈兄长,正是他们的热心相助,让十天的佘山读书生活成为我最难忘的经历。)

2006 年 12 月 20 日　上海闵行

2007 年 1 月 29—31 日　　北京

黄金时代

当夜晚的灯光淹没了最后一片星空，正在远离我们而去的不仅是星星，还有和星光一起闪动的心灵。幸运的是，关于那个看得到星星的年代的记忆从未走远。

4. 从一致的世界滑落

《七朵水仙花》在中国开放的时候,我也得了一本。照腰封上的话说,不读金河仁就不懂浪漫,而我一直自以为是个浪漫的人,看了这话自是不敢落空儿。忙不迭地翻看之,权当是速成了一把浪漫。不太客气地说,故事有点老套:从偶遇到再见到爱得死去活来,这样的爱情故事听多了看多了也就再难生出感动了,但作者显然深谙浪漫之道,用灿烂星空做了故事的背景,而男主角则是一个离开优越的家庭环境来到山上看星星的天文台台长,读着故事看着星星的同时,还有《七朵水仙花》之类的曲儿时不时地在耳边响起,浪漫的气氛一下子就出来了。

星星与音乐闪动的夜晚,没有烛光玫瑰也浪漫。

速成既有了心得,总要找个机会来实习一下。如今的夜空已难得见到几颗星星,好在我们还有音乐。坐在开场前的音乐厅里,看着台上的乐手们自顾自地调弦试音,每个人都沉浸在自己的美妙世界里,但所有的音响和在一处却成了噪音。正在混乱之时，指挥出现了。现在回忆起来，当时的情形应该是这样的：“一片戏剧的静场，指挥走进舞台，用他的指挥棒轻敲了三下，于是，和谐从混乱中浮现。”

这位大师就是毕达哥拉斯，生活在2 000多年前一个叫萨莫斯的地方。只听音乐的人大概不会知道这个名字，不过，毕大叔却是人类历史上第一位伟大的指挥——要是有人说他是一位哲学家，我当然也没意见。傅雷说过，“理想的艺术总是如行云流水一般自然，……是天地中必然有的也是势所必然的境界”，而毕大叔的音乐便有着这样的境界。他指挥着世界上最大的乐队，这就是宇宙。照毕大叔的说法，宇宙万物皆为数。不知道这是不是人类发现的宇宙的第一个秘密，我相信这件事原来就隐藏在宇宙之中，只是谁也没看出来。毕大叔看见了也说出来了，这一下，人们看世界的眼光就和从前不一样了。天体们的运动有了秩序，而原本在偶然的王国里幸福地游来荡去的音乐也有了科学的规律可循。

在《天体的音乐》①中，音乐与科学就这样挽着手一道从文明的起点出发。这件事让我好长时间没想通，因为在普通人看来，音乐与数学之间，除了简谱是用阿拉伯数字来

---

① ［美］杰米·詹姆斯：《天体的音乐》（李晓东译），长春：吉林人民出版社，2003年1月第1版。

表示的之外，似乎再没太多瓜葛；况且数学在大多数人的成长经历中都是一件令人头疼的事，哪像音乐那般又好听又能造气氛。没想通的事可以慢慢想，跟着作者的思路，追寻音乐与科学的这一段未了情，在合上书时，便有了一个囫囵的答案。

还是回到毕大叔生活的时代。在毕大叔的眼里，“音乐是数字而宇宙是音乐”，无论是拉琴、吹号，还是唱山歌，它们和宇宙可以发出相同音符的声音，原因很简单，它们都“是一个纯粹的数学问题”。这个想法的直接后果是，“通过拨动一把琴的琴弦我们就能唤醒人类器具中的同感的震颤”，这就好像按住一根弦拨拉一下，同一把琴上相同音高的空弦也会跟着颤悠起来。这样看来，当年塞壬的歌声多半不是塞住耳朵就能抵挡的。——再继续照这样扯下去似乎有点离题太远，所以还是转过头来聆听天体的音乐。

天体的音乐到了开普勒的手里第一次变得复杂起来——开普勒也是一位音乐大师，不过，要是有人说他是一位天文学家，我当然还是没有意见。在开普勒看来，“天体的运动只不过是某永恒的复调音乐而已，要用才智而不是耳朵来接受”，这段话就规定了有关天体的音乐的教程中，除了音阶之外，今后还要修读对位法这门课程。复杂是复杂了一些，但天体的音乐也因之而有了更为丰富的表现力。当然，从毕达哥拉斯到开普勒，有一种气质是一脉相承的，詹姆斯说那就是和谐。“如果可能,你可以为自己画一个世界,在这个世界中,每一种事物都有意义。一个宁静的秩序主宰着你周围的世界,而你头上的天穹在崇高的和谐中回旋”,这像是一个奢求,因为若真有这种可能,那么它只可能出现在优雅的古典时代。

当19世纪的钟声敲响,这种可能便永远地消失了。音乐变成一天结束之后的最佳休息方式,科学则成了“一些受过特殊教育的在实验室中用充满神秘色彩的机器工作的精英所从事的事业”。音乐与科学作为器物之用的意义甚至超过了它们本身的意义,这件事要是让毕大叔知道了多半不会感觉很舒服。因为那个时代的人们都相信宇宙是一致的,相信宇宙中的每一种事物都有意义。而且,这并不仅仅是一种信仰,而是被那个时代最好的哲学家和科学家证明为真的。但是就像很久很久以前我们地球上的原始大陆一样,这个曾经一致的世界从某一时刻开始变得四分五裂,分裂了的板块还越漂越远,直到相互之间再也看不见。

这样继续讨论下去不免令人悲观,但作者似乎更愿意给我们一个光明一点的结尾,于是他告诉我们说,有一些东西在这种分裂中生存下来了,让我们在与宇宙的对话中多少还残存着一些冲动。一是先锋派艺术,比如勋伯格及其所开创的十二音体系,许多人无法接受这样的音乐,但是十二音主义者说得好:“谁在意你是否在听?”二是被称作神秘地铁的民间艺术。二者的相同之处在于,它们都体现着一种可以称作“崇高主题”的东西,而这种东西从遥远的毕达哥拉斯时代起始,在漫长的年代里浸润着整个人类文明的历程。就像一棵树,枝叶间流动着的生命的意义其实早在根里面就有了,虽然当我们看到这棵树的时候,常常会对这种意义视而不见。

2003 年 4 月 22 日　北京

(原载《文汇读书周报》2003 年 6 月 6 日)

5. 行星的天空,与情感有关

1914 年 12 月 8 日,战火正在欧洲大陆蔓延,坐在远离战场的佘山,蔡尚质神父开始为即将出版的《佘山天文年刊》第 8 卷撰写序言:“没有一门纯粹的人文科学能比天文学更接近天主。辽阔的天空向我们惊奇的目光揭示了统治整个天球的秩序与和谐,它使我们对造物主的无限智慧、广大与全能确信不疑……”那是 94 年前上海的天空;94 年后,当我意识到我头顶的天空正是蔡神父当年凝望过的那片天空,每一次,心底都会涌起一些莫可名状的东西。

旷远的天空总能令人生出宗教感与历史感,因此,一个关于天空、关于星星的故事永远不会只有科学、只有望远镜。正像达娃 · 索贝尔在她的书里所写的:“哪怕在科学研究面前显露出本来面目,哪怕在茫茫宇宙中屡见不鲜,行星还是会在人类情感中稳占一席之地……那些旧时的神灵和鬼怪们,过去是——现在依然是——激发人类灵感之光的源泉,是夜晚的漫游者,是家园风光中那道遥远的地平线。”而她在《一星一世界》[1]中想要做的就是尝试从“行星的多重文化含义”的角度入手,以引导“非科学家读者对太阳系展开一次探索”。所以尽管她的书以“行星”为题,书写的却不只是天文学家的天空,而是我们看到的行星世界:每一颗行星都是一个完美的世界,她们都有各自不同的经历、“性格”与“气质”,又因为观看者的不同而呈现出不同的样貌,从这种意义上来说,此书中译本将书名 *The Planets* 译作“一星一世界”倒是很有些传神,让人不由得先就跟着胡思乱想了一回。

天文学家托勒密在他的《至大论》中曾经这样写道:“我知道,我本凡夫俗子,朝生而暮死。但是,当我随心所欲地追踪众天体在轨道上的往复运动时,我感到自己的双脚不再踏在地球上;而是直接站在天神宙斯面前,尽情享用着诸神的珍馐。”大约对于自古以来凝望星空的人们来说,正是这种长久的凝望成全了内心深处想飞的渴望,不过,尽管他们都“飞翔”在同样的夜空,但看到的却是完全不同的图景,这不仅因为他们揣着各自不同的理想,还因为天上的那些“大家伙”实在古灵精怪、难以捉摸。比如

① [美]达娃·索贝尔:《一星一世界》(肖明波、张朵译),上海人民出版社,2008年3月第1版。

那个名叫墨丘利的速递员,他在离太阳最近的轨道上发足狂奔,这个位置让他总是隐身在太阳的光芒中,结果惹得一众天文学家对他的行踪大伤脑筋。难怪法国人弗拉马利翁不免要嗔怪他道:“墨丘利是窃贼之神,他的同伴也像匿名刺客一般,偷偷摸摸地溜走了。”于是,从托勒密、哥白尼、第谷、开普勒,到牛顿、爱因斯坦,追踪水星的一举一动成了每个时代最聪明的大脑们“飙”脑子的演练场。因此,当抓捕行动最终在爱因斯坦的手中画上完满的句号之时,他给一位同事写信说:“你能想象我在证明了水星的近日点运动方程正确无误之后有多开心吗?我兴奋得好几天说不出话来。”

但天空又不只是成全人类梦想的演练场,它还是人类内心的某种映射。我有个小朋友曾经毫不客气地评价托勒密叔叔总是喜欢瞎想八想却又总是想得很不靠谱,但是平心而论,这个评价不仅有“事后诸葛”之嫌,而且实在是刻薄了些。无论如何,渴望飞翔的托勒密叔叔都可以算得上是一个大才子。他一直忠实于自己内心的唯美的理想,并且为此而付出了牺牲完美的代价,这从他的天文学中可见一斑:他的目光不仅层层穿透了天球,同时也没忘了给自己脚踏着的地球以必要的观照,更重要的是,他明白“没有天文学就谈不上地理学”,虽然很多人相信托勒密和他同时代的人都安详地居住在宇宙中心而从不做非分之想,但仅就这一点来推断，托勒密其实是一个内心颇不宁静的人。因此当关于水星墨丘利的故事结束之后，他注定还要在“地球”这一幕中再次成为“男一号”；不仅如此，他和他的地图还成为某种象征：尽管人类望向宇宙的眼睛越来越深、越来越远，对周遭环境的认识越来越复杂，但是正如作者在书中所言，“我们能捕捉到的也只不过是当前这一刹那的自我意识，就像托勒密的地图一样”。——即使望远镜越做越大、探测器越飞越远，我们与托勒密叔叔在精神气质上其实一脉相承、同声同气。

所以，当夜晚的灯光淹没了最后一片星空，正在远离我们而去的不仅是星星，还有和星光一起闪动的心灵。灯光让我们不再依赖于太阳的光芒，钟表让我们不必再昼测日影、夜观星象。人的世界与星星的世界就这样从此别过，不再受制于宇宙这个天才的钟表匠，人似乎也凭空地多了些自满。但是这种自满是如此脆弱，因为阴晴寒暑终究是我们无法摆脱的生境，“尽管原子钟在计时精度方面确实胜过行星运动，但是它还得服从不太精确的星球，并据此拨准时间。如果春天我行我素，该降临时就降临，就算我们能判断出地球少计了一秒钟，这种自鸣得意的本领又有什么用处呢？”——这就是家园感的失而复得了吧，依然地，与情感有关。

不过，若论行星在人类情感中的角色，有关冥王星的故事实在是颇具代表性的样本。作为国际天文学联合会行星定义委员会的成员,达娃·索贝尔见证了冥王星从行星变成矮行星的过程。这个过程发生在此书原版与中译本出版之间,作者为此专门做了一个“冥王星补遗”篇加入中译本。在冥王星之前,尽管也有一些星星被改名更姓,但并未引起社会大众的大声抗议,但“冥王星就不同了,人们已经对它的行星身份产生了感情”,一个最明显的例子就是,冥王星发现者汤博的小猫与迪斯尼的大狗都同冥王星共享一个名字:布鲁托(Pluto)。感情之事,一旦发生,总是麻烦。好在作者保持着冷静的观察与判断力,“将冥王星从行星行列中开除出去的举动,虽然被普遍认为是屈辱的降级,其实是在向版图已扩大、内涵也更丰富的太阳系致敬”。虽说她也认为“冥王星的问题还是没有得到解决”,不过远比冥王星名分问题更为重要的是,“我们需要更精确的文字,来描述一个远比我童年时珍爱的那个太阳系复杂的太阳系”,在作者看来,这才是事情最实质的部分。

无论是“补遗”,还是重新定义,至少在一点上有着相同的意味:我们正在亲历行星科学的变迁与观察视野的扩展,这该是我们的一份幸运吧。而此刻窗外,行星们一如往昔,她们“就像一把什锦魔豆、一捧稀世宝珠,陈列在我的珍奇小橱里,不断旋转着美丽的身姿,一路陪伴着我,不时勾起我儿时的回忆”。——这是行星的魅力，也是《一星一世界》的魅力。

2008 年 4 月 7 日　上海闵行

（原载《科技导报》2008 年第 9 期）

6. 月亮之城，文人的或天文的

饭后遛弯儿，是我每晚必做的功课。一个人或几个人走在冬日寂寥的校园，数着夜空里所剩不多的星星，那几乎就是一天中除了吃饭说话之外最快乐的时光。那天晚上，月亮似乎出奇地圆且低，在宿舍楼群之间明亮着，望着的时候我忽然就在想，也许有一些什么事要发生了。我对同行的小一说，"今晚的月亮很科幻"，然后开始自顾自地想。

那段时间里，正在上演陈可辛的电影《如果·爱》，唯美的画面与残酷的爱情，舞台上、街巷中那些变幻不定的灯光，总是让我以为有一个月亮正挂在其时的画面之外。这就如同读毛姆的小说《月亮与六便士》，尽管小说中并没有一轮或一弯出场，但是读时却总是感觉那月亮正挂在某个地方，带着完美主义的表情凝视着不完美的世界。原本，人的生死爱欲与月亮并无多少干系，但是一旦被赋予某种意象，月亮与人生也就有了怎么也脱不开的纠葛。比如方鸿渐就是在那个有月光的夜晚对苏文纨说："这月亮会作弄我干傻事。”结果方鸿渐的命运真的就在那一晚之后被改变了。若怪大概也只能怪那天的月亮太迷惑人了。

不过,也有对月亮并不买账的。比如周作人。有一天读周先生的散文《月夜》时看到了这样的句子:

> 每到农历中旬,月圆前后这若干天里,我总感到月光的伟大的力量。月夜对于许多人都有用处,有如莫泊桑就有一篇小说用这做题目,说一对爱人在月下谈心,连极严厉的神父见了觉得神圣,也回避了。又如熬夜的朋友,乡人叫做摸夜游的,不过他们的行业不是赌博或跳舞,却是在写文章,当夜深人静、烟香茶热的时候,文思潮涌,振笔疾书了一段,或是凝神构思,正要做出好句子来,忽然举头看见窗外的月光,一定也能增进他们的感兴,比黑夜里写得更好。在我自己,虽然替月亮说了许多好话,却是并不买她的账,实在还是与她没有什么情分的。我也写点文章,可是这都是在日光之下所写,到了“太阳去休息,蜜蜂离花丛”的时候,我早已收起笔砚,手边有合适的线装书,便去在电灯下躺着看看而已。人家正在谈心或作文得意的时分,我已一觉醒来,朝南的玻璃窗上只有一层白布窗帘,月光照耀犹如白昼,我就心里不大高兴,埋怨她要妨碍我的睡眠。我觉得要安睡须得在黑暗里才行,月光虽比电灯

力弱，但是闭着的眼睑也抵挡她不住，还是要刺激眼睛，叫人不能睡得很熟的。

只是爱也好，怨也好，阴晴圆缺都好，文人的月亮说到底都是唯美的。唯美，因此易碎。所以在《月亮与六便士》中，主人公思克里特兰德说："我不想过去。对我来说，最重要的是永恒的现在。"

我在永恒的现在走在有月亮的路上，看着那一轮圆且低地明亮着，然后又在永恒的现在写下关于月亮之种种。但是现在仅对某一群人是永恒的，而对另一些人而言，永恒的不是现在，而是一个遥远的世界。

在亚里士多德的宇宙中，月亮是两个不同区域的分界线。在亚里士多德看来，月下区是变化的混乱不堪的，混乱如同人的内心世界，而月上区则是安静安详纯净永恒的，这个不变的世界是神的居所。月上的神与月下的人就这样共同生活在一月之隔的天地，原本也相安无事，但是在1572年的时候，一个特殊的天体的出现却打破了这种祥和。这一年的秋天，一颗超新星出现了，它是如此明亮，以至于在白天也同样可以看到。若以亚里士多德大叔及其追随者们的想法来看，这颗星星应该出现在月下世界才对。于是人们就想尽办法想要测出它的视差，但最终却一无所获。这表明这颗星离我们太远了，比月亮与我们的距离要远得多。

同时由于这颗星也不参加行星的运动，所以它应该是恒星之类的星辰——事实上，超新星正是一些原来很暗弱的恒星亮度突然增强而形成的现象。天就这样被捅了一个大窟窿，月上的世界变得躁动不安起来。这一年的 11 月 11 日，第谷·布拉赫也看到了这颗星星，这次经历干脆就改变了他日后的人生。他的父母曾坚持认为他应该学习法律，但是 1572 年超新星爆发却让这个丹麦青年颇有些抓狂，他无法安坐研读单调的法律条款，而是持续不断地对这颗星星进行了观测。1573 年，当他的有关这颗星的观测结果的论文《论新星》发表之时，这颗后来被命名为第谷超新星的星星依然闪亮在天空。1577 年的时候，一颗彗星又划破了夜空。月上世界的永恒不变被打破了。就好像一个筋斗云没翻好，神们就这样一头跌落人间。

不过，人对神的戏弄这不是第一次也不是最后一次。1609 年，有个意大利人把望远镜指到了月亮上，就像偷窥芳邻的一颦一笑一举一动一样观察着这个一直住在咱家隔壁却只能远观而从未真正打过交道的邻居。这一看之下就看到了月亮的不完美，这种感觉就好像忽然发现美女也会长胡子，虽然心中颇有疑虑，但终究还是心存不舍。尤其是像伽利略这样的人，无论是他所处的时代还是他所受的教育，他都一直相信月亮不应该是长了胡子的美女。可现在看也看了，不完美既然是如此没遮没拦避无可避，那就只好面对，假如这就是好奇心带来的后果，那倒不失为一件好礼物。虽然伽利略的望远镜在今天看来实在是太简陋了，但是在当时他已经可以在知道月球大小的情况下，测量月球山投下的阴影并计算出它们的高度。再往后又过了360年，人干脆就踏上了月球，后来还把高尔夫球杆也带了上去。在月亮上打高尔夫自然比在地球上打轻松多了，轻轻一杆，球就可以飞出好远。

月亮在楼群间隐现，有好一阵子都躲在楼栋后面不肯出来。我忽然在想，假如没有月亮，我们的生活将如何改变？文人们少了些兴味，情侣间少了些朦胧，这都是肯定的，但却不是最重要的。重要的是，现有的生活将随着有序之被打破而彻底被颠覆。

在所有天体的运动中，月亮的运动大概是最复杂的。一年前我曾借了本天体力学来读，一翻之下就崩溃了。太多因素会影响月亮运动的计算，所以那天当我无比郁闷地合上书的时候脑袋里就出现了这样的画面：月亮在一干大小天体的推来搡去中穿行，平衡着各种力也被各种力平衡，在一个复杂系统中维持着某种稳定。如果没有月亮，这样一种稳定将会被打破，就如当年月上区与月下区界线之被打破一样，但又不完全相同。——月上月下世界之分只是一种理想中的图景，而月亮维持着的稳定却是物理的实在。所以，就算是因为月亮而睡得不安或者被勾起种种异样情绪，也都忍了吧。只是有一件事让我有点儿不能忍：那天晚上一直到我走回宿舍，什么事也没发生，这让人不免有些遗憾。毕竟在这样一个有月亮的晚上，应该有什么事会发生的。

2005 年冬至　上海闵行

（原载《中华读书报》2005 年 12 月 28 日）

7. 机械工程师达·芬奇和他的黄金时代

英剧《列奥那多》中,达·芬奇一亮相就上演了一出鸡飞狗跳。作为一名专职机械工程师以及多少有点心不在焉的画坊学徒,那天早上,为了赶在大师点评画作之前赶到画坊,达·芬奇一路发足狂奔。一个帅爆了的少年奔跑着穿过15世纪佛罗伦萨清晨的街巷,这本身就是一道不俗的风景。不过,在那个阳光灿烂的清晨,15岁的达·芬奇也许并不知道自己将会成为他那个时代最炫的风景(没有"之一"),也顾不得想这许多,他只是一路狂奔,终于在大师讲评到他的画作时立在了大师身后。也正是在那个鸡飞狗跳的早晨,另一条鸡飞狗跳的线索也正在一点点铺展开来:佛罗伦萨此时的统治者皮耶罗·德·美第奇想尽办法要得到达·芬奇的笔记本,并且在真的得到之后很快便在这个城市里掀起了一场不小的波澜。这是1467年,此时的皮耶罗51岁,他的痛风和他对艺术的热衷一样出名;而那个将在两年后接替父亲成为美第奇家族继承人的洛伦佐还是一个18岁的少年,也是达·芬奇最亲密的玩伴……

好吧,还是让我们从戏里脱开身去,回到现实中来。达·芬奇,一个太熟悉的名字,从小时候听过的画蛋故事到蒙娜丽莎神秘的微笑,与达·芬奇的名字连在一起的那个形容词可以是励志的,是艺术的,是文艺复兴的,是阳光灿烂的。当然,更可以是神秘的,就像他笔下的那个神秘的微笑。同样神秘的,还有他的笔记本。早在很多很多年之前,当达·芬奇的笔记本被一页页地翻开,一点点地研读,它所包含的有如密码般神秘的书写方式与精致的设计草图就开始牵引着越来越多人的目光,而在这样的目光注视下,达·芬奇也不再只是一位著名画家。科学史家丹皮尔曾经写道:(达·芬奇)"对各种知识无不研究,对于各种艺术无不擅长。他是画家、雕塑家、工程师、建筑师、物理学家、生物学家、哲学家,而且在每一学科里他都登峰造极。在世界历史上可能没有人有过这样的记录。"——戏里的那些鸡飞狗跳也许出自虚构,但这许多年来人们热衷于虚构、演绎的这个人的的确确是他那个时代最炫的风景(没有"之一")。

《达·芬奇机器》[①]一书所呈现的正是这个天才的脑袋里装的东西,或者更确切地说,是达·芬奇手稿中有关机械

---

① [意]多米尼哥·罗伦佐:《达·芬奇机器》(胡炜译),广州:南方日报出版社,2015年4月第1版。

设计的想法。该书从达·芬奇手稿中择取其最重要的32种机器设计草图,将之分别归入“飞行器”“战争机械”“水力机械”“工作机械”“舞台机械”“乐器”以及“另类机械”几个部分,逐一加以呈现,其中部分设计手稿是此前从未公开过的。其实,此前出版的有关达·芬奇手稿的图书已有不少,但此书还是有它的特别之处:计算机绘图专家塔戴和赞农将达·芬奇的素描转换成精美的透视图,从而清晰展现了这些机器的运行机制,也使此书独具特色。对照看时,则不免要为达·芬奇的每一处精微设计与心思叹服,而那些由计算机绘图技术所带来的三维图纸带给读者的则是巨大的视觉冲击力,也因此而使得这些机器的实用价值得到凸显。但作者并未止步于此,他想做的是绕到这些机器的背后去一探究竟。这一探还真就探出了不少有趣的问题。

作者在书中提到了这样一个细节:在达·芬奇晚年应罗马教皇利奥十世邀请旅居罗马期间,教皇的弟弟朱利亚诺·德·美第奇曾请来一名技师给他当助手,但此人不但从不尽责,还总是把达·芬奇的设计信息透露给外人。达·芬奇曾为此而给朱利亚诺写了一张便笺说:“此人要求把原来的木质模型做成铁的,以便带回德国。我拒绝了。我告诉他,如果他想做,我就给他画出机器的宽度、长度、大小和形状。因此,我们的关系变坏了。”大多数人眼中的达·芬奇是一位手艺时代的大师,但是仅此一个细节却呈现给我们另一个不一样的达·芬奇:以图纸取代模型,也许是他避免设计外流的一种聪明做法,但假如仅仅从此事中看出他的聪明则是远远不够的。更重要的是,达·芬奇通过他的选择完成了从传统工匠到现代工程师的角色转换,因为相比于对模型的仿制,图纸的解读需要更多特殊的理论知识(比如有关比例的知识)。从这种意义上来说,当达·芬奇以图纸取代模型,他其实是在用工程师的语言与这个世界对话。而且,这种取向并不仅仅体现在这样一个个案中,事实上,达·芬奇在他的设计中也会使用模型,但他更钟情的仍然是绘画。我读此书时最深的印象就是达·芬奇对动力的追求,而这种追求最重要的呈现方式就是他的画。他用绘画解释机械的运作方式,借用佛罗伦萨科学历史博物馆馆长格鲁兹的话来说就是"通过对静态构件的展现,来阐述构件之间的动能转换",这听起来真是不可思议,但他的确做到了,而他的超越时代之处也正体现于此。

不过,超越归超越,他依然生活在他所处的时代。在全书中,"战争机械"可以说是最重头的部分,共包括10项设计,占全书篇幅的近三分之一。这个比例很可能反映了达·芬奇本人在机械设计方面的兴趣所在,同时也成为他所处时代的同行们的写照。正如作者在书中注意到的,当时的佛罗伦萨尽管在洛伦佐·美第奇的统治下相对和平安宁,但也仍然面临着一些紧张的敌对情绪,战争的威胁时时笼罩于此,所以当时佛罗伦萨最伟大的设计师、建筑师都与战争密不可分,包括达·芬奇的师傅——韦罗基奥所开设的作坊也都能够铸造大炮和铠甲。身处这样的环境,达·芬奇对战争机械感兴趣真是再自然不过,更何况他还有自己的个人抱负。事实上,他的多才多艺的确成为他事业上升的敲门砖,除了在佛罗伦萨受到洛伦佐的器重是得益于此之外,他后来旅居米兰也是如此。

再讲下去大概就成了励志故事,所以还是就此打住,依然说回这本书。从达·芬奇的手稿到他的思想再到他身处的时代,一本书可以读出这么多内容,这不仅要归功于达·芬奇的手稿,也同样要归功于此书作者多米尼哥·罗伦佐以及他所在的佛罗伦萨博物馆那位格鲁兹馆长的眼光。面对达·芬奇的手稿,他们想的是“把达·芬奇的绘画放在核心位置,模型则应该扮演次要的角色”。这大概就是说,模型再炫,终究也是为理解达·芬奇思想而存在的,要走进这位机械工程师的世界,理解他的所思所想和他的时代,还是要回到手稿。这正是《达·芬奇机器》中所做的最重要的事。

2015 年 5 月 11 日　塞北青城

(原载《新发现》2015 年 6 月号)

8. 伽利略的苹果树和傅科的摆

Haggard 是一支来自德国慕尼黑的乐队，它在 1991 年问世的时候是作为一支爵士乐队而诞生的，不过当乐手们日益向着古典和前卫两个方向发展时，乐队并没有因此而分崩离析，而是逐渐形成了一种死亡金属加古典的风格。十余年间，Haggard 出专辑若干，几乎每一张都人气颇旺。它在 2004 年制作的一张新专辑名叫 Eppur Si Muove。典出伽利略。

据说伽利略即使在宣布放弃他的主张的时候也依然低声咕哝了一句“但是地球的确在转动啊”，这句话用意大利文说出来就是“Eppur Si Muove”。以死亡金属加古典的风格来演绎如此经典的主题，这件事本身就很能勾得人生出些好奇。专辑第 8 首即为同名主打，音乐全长 8 分 19 秒。坦率地说，在最初的时候，我曾经许多次打开它，但最终都没能听完，就坚持不下去了。原本以为这是因为在十年前恋上 Jazz 之后，我就已经失去了听摇滚的耳朵，但是在某一个割草机作响的早晨,那音乐却于不经意间将我裹挟着进入了一种莫名的情绪之中。

这是江南6月的雨季,难得放晴的天空下似乎注定是一个适合回忆的处所。我坐在桌前,聆听一个关于生活在久远年代的天文学家的故事,窗外是淡淡的初夏的气息。在这样一个喧嚣的季节,我不知道是否还会有人在意一位古稀老人以及他的宇宙的故事,不过,当乐声响起,我知道这一切都不再是问题。弦乐送出的急促的前奏,华丽的古典女声,钢琴平缓悠然的旋律,似低吼似无奈的黑死腔……神圣庄严伟大渺小友谊背叛欣悦痛苦挣扎,所有的情绪杂糅着,将一段久远年代的故事于起伏跌宕间铺展。

伽利略的天空并不总是阴霾的,只是所有那些阳光灿烂的日子最终却以阴霾画上句号,因而才烘托得这个结局更加晦暗凝重。1630年5月,为了给自己刚刚完成不久的《关于托勒密和哥白尼两大世界体系的对话》弄到一个出版许可证,66岁的伽利略来到了罗马。那是一个缓慢生长的年代,在经历过漫长的中世纪以及文艺复兴之后,"在人心中沸腾着的某些伟大思想,终于在伽利略的划时代的工作中,得到实际的结果"。87年前,同样的一个5月天,另一位垂危老人于病榻间看到自己的心血终于出版后闭上了双眼。与哥白尼有些许不同的是,伽利略看到了自己的得意之作的出版与无限风光,但正是随着这本书的出版,悲情的种子也已经埋下了。后来的故事自不必多言。某天在看 Discovery 制作的《对话》时,听到了这样的句子——

> 苹果也许落在牛顿头上,苹果树却是伽利略一手栽植。

作为果农的伽利略,作为科学家的伽利略,作为忏悔者的伽利略,作为一个曾经阳光之后却失意潦倒的老人的伽利略,当所有这些身份加诸同一个人身上时,悲剧注定将会上演。尽管如此,伽利略还是作为一个转折点而成为历史中的一页,因为从他之后,天文学理论不再只是建立在数学模型之上的先验的学问,它成为可以观察的事情。当伽利略用望远镜看到月亮的表面并不完美、木星的卫星真的像哥白尼所说的日—地模型那样运行时,作为一位好教徒,他的心中也许充满了矛盾与困惑——在看到的与相信的之间。他尝试着去稀释这种困惑,在他的《对话》中就可以看到这一努力的影子。尽管他在《对话》中的代言人萨尔维亚蒂给出了支持哥白尼的证据,但是最终他还是以一种"模棱两可的话来抵消了他为哥白尼所作的辩护"。这一点儿也不奇怪,也许在伽利略本来的想法中,"设想一个浩瀚无限的宇宙只不过是赋予万能的上帝以他应有的荣誉"吧。

黑死腔在低吼,之后一切恢复平静……

伽利略没有看到他的苹果落下来便在寂寂中辞世，那个被苹果砸了头的后世小子就是在伽利略离去的第二年降生在这个转动着的地球上。

Eppur Si Muove.

这是2005年初夏的一个早晨，我在古典女声与黑死腔的反复吟诵中翻开了埃柯的小说《傅科摆》。这当然不是一部关于傅科摆的历史小说，不过，其中许多关于傅科摆的段落却一次次拖曳着我的情感，让我远离身边的世界，回到久远年代。

铜铸的摆砣映照着透过教堂彩色玻璃窗流泄进来的最后几抹夕阳余晖，散发出一种变幻不定且隐晦的光芒。

如果在唱诗班席位的地板上铺上一层潮湿的沙，让摆锤底端轻轻摩擦过（正如它以前所经历过的），那么每一划都会留下一道浅沟，而这沟痕在令人无法察觉的情况下变动方向，便会扩大为一有放射状均衡美的凹槽——曼陀罗、五角形、一颗星星，或一朵神秘的玫瑰的轮廓。不过，更像是个记录在一片广阔沙漠的故事，由游牧部落无数的篷车车轨所留；一个缓慢、历经千年而迁徙居的故事……

我知道地球在转动,而我也跟着转动,而圣马丁大教堂和整个巴黎也跟着我转动,而我们全体都在摆的下方转动……

因此我所凝望的并非地球,而是绝对静止的神秘所在的天空。摆告诉我,万物都在移动之际——地球、太阳系、星云和黑洞,所有在大宇宙扩展中的子女们——有一点却是静止不动的:整个宇宙便绕着这个中心点、轴或钩而移动……

读着的时候,我忽然生出一个念头,我开始思考在身边的这个宇宙中是否真有那样一个如埃柯所言之静止不动的点,可以让我敲下一个钉子,将长长的傅科摆挂在那里。当然没有。但是当我这样想着的时候,思绪似乎也如哥特式教堂的尖顶一般直入云霄。伽利略的故事曾让许多人相信科学与宗教水火难容,但在 Haggard 的音乐里,我听到的却不是血与火、生与死的冲突,那种体验很难言表,也许只有在听过之后才会有最深刻的感受;悬垂于巴黎的教堂中那长长的傅科摆在日复一日、年复一年地摆动,我猜当埃柯第一眼看到它时,他的心中也会忍不住惊叹"Eppur Si Muove",所以他的小说一开始就这样写道:"那是我第一次看到傅科摆……"在伽利略宣誓放弃他所相信的学说之际,在面对傅科摆之时，Eppur Si Muove 一次次被人说起，这是一句咒语吗？摆动在教堂里的铜砣构成了科学与宗教和解的经典场景，这是一种象征吗？

我在古典女声与黑死腔的反复吟诵中阅读着摆动的历史，这是 2005 年 6 月 11 日，多云。这一天，Eppur Si Muove。

2005 年 6 月 11 日　上海闵行

（原载《中华读书报》2005 年 6 月 22 日）

9. 天才钟表匠及其与时间的游戏

大师卓别林曾经说过:“时间是伟大的作者,她能写出未来的结局。”这似乎暗示了时间的力量,更令人想入非非地以为,谁掌握了时间,谁就可以掌握未来。然而对于18世纪最伟大的钟表匠约翰·哈里森来说却并非如此,他擒住了时间,将它装进他的时钟,但是当他这么做的时候,却已然为自己开启了一个无法预知的未来。这不能不说是时间和他开的玩笑,尽管这个故事本身并不像玩笑一般轻松。

这是《经度》[①],一本很精彩的书,讲的是“一个孤独的天才解决他所处时代最大难题的真实故事”。很巧的是,当我拿到这本书的时候,我正在阅读并思考着有关经度测量的问题。我为这个问题已经花了几个月时间,并因此而越

---

① [美]达娃·索贝尔:《经度:一个孤独的天才解决他所处时代最大难题的真实故事》(肖明波译),上海人民出版社,2007年8月第1版。

发深信经度问题的解决实在是天才之举。

久居都市的人也许很难想象“丢失”了经度的海上航行，但那正是18世纪的航海者及其前辈们所面临的最现实的困境。航行在无边无际的海上，却无法知晓自己是否已经偏离了方向，因此而付出的代价不仅是超出预计的行期，还有疾病与死亡。但是这并不会阻止人们走向海洋的脚步，反而催生了英国国会著名的1714年“经度法案”：设立一笔巨额奖金，以征求一种“切实可用的”经度测定方法。

经度即时间，这决定了人们在解决经度问题时的两条主要线索：读准天上的钟，这是天文学家们的希望所系；拨准地上的钟，这来自钟表匠的灵感。那时的上帝刚刚被人类推上了史上最牛钟表匠的宝座，天上的星星就是上帝他老人家设计制造的走时精准的完美时钟，人们渴望漫天星斗能够透露关于经度的信息，于是便有了巴黎天文台与格林尼治天文台的相继创建。当天文学家们与天上的星星玩着捉迷藏的游戏，钟表匠们则给出了最充满魅力的梦幻方案——“船长只需简单地比对一下自己的怀表和另一台指示始发港正确时间的恒定时钟，就可以在舒服的船舱内测定经度了”。虽然要实现这一点并不容易，它要求时钟必须有很高的精度并且在波涛汹涌的海上航行时走时不能出偏差，但他们并不会因此而轻易放弃。

哈里森就是这些自信的钟表匠中的一员，当然，他拥有的不只是自信，还有才华。他没受过什么正规教育，但是他对弄懂事情来龙去脉的浓厚兴趣使他成为他那个时代最优秀的钟表匠。1727 年，34 岁的哈里森“将精力转向克服航海钟里存在的特殊困难”，他并不否认促使他这样做的正是“获得经度奖金的愿景”，不过，当他真的制造出一台符合获奖条件的时计之后，精益求精的哈里森脑袋里想的却是怎样改善他的时计从而使它更加完美。于是在此后的数十年里他一直醉心于他的航海钟的改进，终于在 1759 年完成了他的不朽杰作——第 4 台时计 H－4。“人们很快就意识到，这块表简直就是优雅和精确的化身”，但是哈里森并没能得到他应得的那份奖金，并且因为负责颁发经度奖金的委员们更相信天文学的解决方案而给哈里森的获奖设置了种种阻碍，他不得不“独身一人对抗着科学根底深厚的航海特权阶级”。国王乔治三世的直接干预使哈里森终于在 1773 年得到他应得的奖金，此时的哈里森已经是一位 80 岁的老人。

无情流逝的时间从不肯为谁停留，即使这个人曾经完美地将时间收进他的“宝盒”。不过，经度的故事并不止印证了时间的无情。科学、天才、野心、阴谋……，所有这一切皆随经线的延伸而纠缠在一起，尽管那只是一些假想的线，但那些故事却曾经真实地发生过，并且——从某种意义上来说——远未到结束的时候。

2007 年 9 月 18 日　上海闵行

（原载《Newton 科学世界》2007 年 11 月号）

10. 两位大师　一个时代

众所周知,吃不到一起的人通常也玩不到一起。基本上,这句话可以理解为“人以群分”的俗语版。人有的时候就是这么动物性,对食物的喜好差异就决定了人与人之间的缘分。当然,也有例外,比如高斯和洪堡。作为小说《测量世界》[①]中的两位主角,他们可算是性格迥异,让人很难想象这两个人能走到一起,而且还颇为投缘。

先说说高斯,他一出场就十分焦虑,作为一个喜欢待在家里对着纸笔埋头苦算的数学家,他讨厌外出、讨厌旅行,但洪堡偏偏力邀他参加德国自然科学家大会,推不掉就只好答应,但在内心深处,他却希望这一天永远不会到来。关于这位伟大数学家的故事,最著名的一个当然就是从 1 加到 100 的那件事儿,而那时他还是个拖着鼻涕的 8 岁少年。

---

① ［德］丹尼尔·克尔曼:《测量世界》(朱刘华译),上海三联书店,2006 年 7 月第 1 版。

不过，不管是8岁、18岁还是28岁，小说中的高斯似乎总有擤不完的鼻涕。当然，对于一位伟大的数学家来说，这最多只算是小节而已。他爱数字，爱数学，年纪轻轻就算出了小行星的轨道，仅靠计算，他就洞悉了宇宙是弯曲的这个秘密。这才是最重要的。同样重要的还有，他爱姑娘，爱所有好看的姑娘，假如难熬的旅行还有什么是让他开心的，那一定就是遇到了好看的姑娘。假如人生有什么能让他难舍的，那一定就是数学和好看的姑娘。

与高斯相比，洪堡完全像是另一个世界的人。他是一位探险家，热爱旅行，热爱冒险。对他来说，“一座不知道它有多高的山丘会妨碍理智，让他不安。一个人不能始终确定自己的位置，就不能离开。一个谜，不管它多小，都不能置之不理”。所以，他跑遍世界，去测量一切他想要测量的东西。他很多次在野外遇险，为了解谜，他还亲口尝过箭毒。假如还有什么对这位探险家来说算得上是禁区的，那一定就是姑娘。他一辈子没碰过女人，也不让与他同行的伙伴碰，两个人甚至为此而若干次起了小冲突。当然，冲突归冲突，他们依然是最好的合作伙伴。而当洪堡将他的探险写成书信，一封封地寄回给他当外交官的哥哥，他的成名几乎就是一夜之间的事。

差异如此之大的两个人就这样走在各自的线索上，做着各自爱做的事。他们在小说中的第一次相遇大概发生在高斯领取博士学位证书的那天。他在等待的时候读了一份《哥廷根学者报》，那上面正有一位普鲁士外交官介绍他弟弟在新安达卢西亚的生活报告。高斯后来又很多次地读到过洪堡的探险笔记，并且不禁感叹这人还有什么地方没去过。当然，探险家洪堡也曾读过高斯关于小行星轨道的计算，想象那位数学家是如何凝视夜空冥思苦想。尽管他们第一次相遇是在那次德国自然科学家大会时，但在此之前，他们早就神交已久。两条看似平行的线索就这样相交到一处，但细想却也没什么好奇怪的。当还是一个少年的时候，高斯就发现了在我们这个弯曲的宇宙中，所有平行的线都将彼此接触。

如果从科学史的角度来看，高斯的笔尖上的计算与洪堡的万水千山踏遍，恰恰代表了人类智识活动的两条线索。而当两条线索终有一天相遇，其中的意味让洪堡这位见多识广的行者也生出了疑惑："当柏林的郊区在眼前飞逝，洪堡想象高斯正在透过他的望远镜眺望可用简单的公式概括其轨道的天体时，他一下子说不出来：他们谁跑出了很远，谁却一直留在家里。"

当哈里森天文钟结束了伟大航海家的时代，高斯的儿子欧根正航行在苍茫的大海中，他甚至不知道自己将去往何方，但当一片陆地终于出现在眼前时，船长告诉他，"这回不是海市蜃楼也不是闪电，那是美国"。这个结尾很像一个隐喻。读过了又不禁暗忖,是否晚年的欧根会时时记起看到陆地的那一刻,是否也会像我们一样如此地回望那个他曾经告别了的年代,是否当他回望的时候也会由衷感叹:原来两个人的故事已足够勾勒出一个激动人心的年代。

2010年8月9日　北京

(原载《新发现》2010年9月号)

11.“他是现代化学之父，但他从不承认自己的女儿。”

中国有句老话叫做“三岁看大，七岁看老”，而在美国作家史蒂文·约翰逊看来，普里斯特利发现氧气的经历恰恰为这句话做出了形象的注释。当普里斯特利还是一个生活在乡村的小男孩时，他常常玩的一个游戏是把蜘蛛封在玻璃瓶里，看可怜的它多久才会死去。“若空气供应有限，生物就必然会死，这个事实是小男孩和科学家都非常清楚的”，多年之后，当这个小男孩真的开始他的科学生涯之时，他完成的最重要的科学工作便与这个过程有关。

在《发现空气的人》[①]一书中，史蒂文·约翰逊讲述了普里斯特利不那么寻常的一生——他同时涉足科学、政治与信仰等多个领域，并且对这些领域都产生了重要影响。

---

① ［美］史蒂文·约翰逊：《发现空气的人：普里斯特利传》（闫鲜宁译），上海科技教育出版社，2012年12月第1版。

但此书又不只是一部通常意义上的人物传记,在讲述普里斯特利的经历时,作者较多地融入了其对科学发现的哲学思考。从这种意义上来说,此书似乎更像是一个案例研究:以普里斯特利的发现为样本,讨论其对科学发现的思考。在作者看来,普里斯特利的成就在很大程度上体现为一种预感的延伸或者说坚持。而那个少年时代的乡间游戏中就隐藏了这个预感——动物没有空气就会死这个问题,其中一定有他所不知道的名堂,从他第一次把蜘蛛放进瓶子里便为多年之后的种种观察、实验与发现埋下了伏笔。不过,在作者看来更令人感兴趣的并不是预感本身,而是普里斯特利"有智慧和闲暇时间来一直按预感做事,并居然 30 年无间断。在他每一个重大发现的背后,都有他心中之预感不断发展演化的影子"。

乍看起来,"预感"这个词实在很有些不好把握,特别是当它一旦被用到科学家身上时,总不免为科学家及其科学事业蒙上些神秘色彩;同时,做此解释者也不免沾上事后诸葛的意味。但不得不承认的是,许多年前曾经历的事在时过境迁后的确可能因为一些偶然因素而旧事重提,结果当然因人而异,普里斯特利无疑是他们中的幸运者。

当那个童年时代的多少有些残酷的游戏过去数十年后,普里斯特利想到了用其他生命体来替代那些可怜的蜘蛛——"为什么不放入一株植物呢?"一项重要的发现正开始于这“为什么不……”他将一株薄荷放进了密封的瓶子，而那株薄荷注定将被写进科学史。他本以为那株植物会像那些可怜的蜘蛛一样命不久矣，但事情的发展却与他的预期正好相反：整个夏天，那株薄荷都在继续生长，而与薄荷放在一个瓶子里的蜡烛则会一直燃烧；他还把老鼠也放进瓶子，结果老鼠并不像封进没有植物的瓶里那样几秒之内抽搐死亡，而是一直活了10分钟之久。1774年的氧化汞实验更为普里斯特利的发现画上了一个完美的句号。此时的普里斯特利已然走到了揭开秘密的边缘，但他依然是他那个时代的人，也就是说，他是一个依循旧的“燃素说”范式工作的科学家。因此，他给他发现的这种“纯净气体”命名为“去燃素气体”，并在巴黎的一个重要聚会上演示了他的实验。

真正的化学革命是由法国人拉瓦锡开启的，他的实验与精确测量使他最终摆脱了“燃素说”的羁绊，而那种“纯净气体”也被他命名为氧气。像科学史上的每一次革命一样，这场化学革命也在悄然改变着人们看待世界的眼光。但普里斯特利显然并不愿被裹挟其中。终其一生，他都顽固地坚守“燃素说”，这种坚守后来让法国博物学家居维叶印象深刻，因此，在为普里斯特利撰写的悼文中，居维叶精辟地评价道：“他是现代化学之父，但他从不承认自己的女儿。”不过，尽管普里斯特利既不是第一个分离出纯氧的人，甚至他给这种气体的命名中表现出他“对氧气的基本化学性质有根本的误解”,这使他在“竞争”—“征服”的故事脚本中略逊一筹,但是当“加冕”时刻来临,人们还是将欢呼送给了他。相比于发现氧气,普里斯特利的薄荷实验中隐藏着更为重要的成就——“他发现的不是一种简单的元素(如氧)或一个基本的法则,而是一个体系,一种能量和分子变化的流”,因为正是那个实验揭开了地球生命循环的一角,而它所“引发的新科学过程花了两个世纪来演进”,尽管不擅长理论总结的他从没将此作为一个统一的体系来加以描述。

如此看来,作为科学家的普里斯特利此生真是充满了缺憾:他是一个体系的发现者,他自己的思维方式却是缺乏体系的;也因为缺乏一个体系的支撑,作为革命前夜的旧式革命者,他可以一点点地打破或销蚀着旧有范式的根基,但却无意建立一个新的范式。普里斯特利自己对此也颇有洞察,所以他曾写道:“我的命运可能就像科学界的一颗彗星或燃烧的流星……极炽热且猛烈地烧掉自己,然后突然消亡。”

这颗流星于 1804 年 2 月永远消逝,读到此处,忽然就想起了普里斯特利 1794 年因信仰方面的主张而被迫赴美时的那一幕画面:

在普里斯特利身边,能量的巨大威力突然爆发:海龙卷飞快旋转,墨西哥湾暖流像一个巨大的传送带,而从英国煤田释放出来的能量已将他送往流亡之路。普里斯特利最伟大的科学发现之一是提出能量循环贯穿世上一切生命,而这种循环也是他在甲板上测水温时呼吸的空气之来源。这一切力量都聚集在他身上,而“萨姆森号”则在与洋流搏斗着,奋力地朝西向新世界驶去。

2013 年 3 月 9 日　塞北青城

(原载《新发现》2013 年 4 月号)

快意人生

人如果活得有趣，无论他从事的是什么职业，也无论他一天会把多少时间花在工作上，都不会让他变得乏味，或许正相反，他会以自己有趣的生活去感染别人，让更多的人都变得有趣起来。

12. 埃尔德什：不会系鞋带的数学家

在很多人看来，数学家的传记大概是所有科学家传记中最难写得好看的，因为他们终日与之打交道的对象是人们虽然离不开但也不那么感兴趣的数字，另外，他们的道具也很简单，除了纸笔，数学家们通常没有什么实验设备，这就更增添了其工作的枯燥性。但事实是，人如果活得有趣，无论他从事的是什么职业，也无论他一天会把多少时间花在工作上，都不会让他变得乏味，或许正相反，他会以自己有趣的生活去感染别人，让更多的人都变得有趣起来，埃尔德什就是一个例子。

1986 年，美国科学记者保罗·霍夫曼第一次见到了数学家保罗·埃尔德什。在此后的 10 年间，他一直追随着这位数学家，“一天连续 19 个小时不睡觉，看着他不断地证明和猜想”，直到埃尔德什去世。《数字情种》[①]一书所记录的

① ［美］保罗·霍夫曼：《数字情种》（米绪军等译），上海科技教育出版社，2000 年 8 月第 1 版。

就是这段长达十年的数学之旅中他所看到的、听到的故事。

埃尔德什平常喜欢说的一句话是:"一个数学家就是一台把咖啡转化为数学定理的机器。"这话并非完全没有道理,但就说这话的数学家本人来说,假如以此概括他一生的经历不免会失之偏颇。虽然埃尔德什在 3 岁时便能心算 3 位数的乘法,4 岁时便"发现"了负数;虽然他在 60 余年的数学生涯中,在不同的数学领域内与大量合作者共同发表了 1 475 篇高水平的学术论文(这个数字除了 18 世纪的瑞士奇才莱昂哈德·欧拉之外无人能敌);虽然在生命的最后 25 年内,他每天工作 19 个小时,以脑兴奋剂、浓咖啡和咖啡因药片来刺激自己,但埃尔德什显然并不同于那些永远沿着设计好的路线毫无纰漏却也毫无情趣地运转的"机器"。

生活中的埃尔德什是一个连鞋带都系不好的人,但这并不妨碍他被人们称为"数学奇才"。他的某些工作方式是他身边的朋友和同事们难以接受的——比如说他会在凌晨 5 点钟的时候打电话给他的同事,仅仅是因为他"想起了意欲与这位数学家分享的某个数学结果";或者是在凌晨 1 点刚刚结束工作休息,4 点半便又跑到厨房去把锅碗瓢盆弄得一片响,以提醒同伴该起床了,而当后者终于跌跌撞撞地走下楼来,埃尔德什说出的第一句话不是"早上好!",也不是"睡得好吗?",而是"设 n 是整数,k 是……",尽管如此,他的朋友们仍然很喜欢与他共事,正如他的一位朋友所坦言的:“埃尔德什有一种孩子般的天性要使他的现实取代你的现实。他不是一个容易对付的客人,但我们都希望他在身边——就为他的头脑。我们都把问题攒下来留给他。”

数字是埃尔德什的至爱,也正因为如此,人们很难想象他在每天十几个小时的工作之后还会有时间涉猎更多他感兴趣的领域,但事实却摆在我们面前:数字之外的埃尔德什绝非书呆子。有一次,埃尔德什被介绍给历史学家拉乔思·厄列克斯,后者当时正在写一本15世纪匈牙利将军雅诺什·亨雅迪的传记。初次见面,埃尔德什用他见到一个陌生人时的惯用的开场白首先发问:“你从事什么职业?”而当他弄清厄列克斯的身份之后,立即追问道:“匈牙利军队在1444年瓦尔纳战役中惨败于土耳其的原因是什么?”

孩子般的天性与智慧的头脑赋予了埃尔德什独特的魅力:纯真而且敏锐,而这使他在面对一些在别人看起来难对付的事情时可以做得游刃有余。

与其他领域的研究一样,数学界的成果优先权之争并不少见;而与其他领域的科学家不一样,数学家没有任何试验结果的痕迹来证明各自的工作。甚至一些数学大家也是如此,要是他们猜不出“天书”的解答,他们也不希望别人能办到。美国得克萨斯州的一位卓越数学家对此直言不讳:“如果我想不出某一个定理,我也不愿别人想到。”但埃尔德什却不同。曾与埃尔德什合著过两篇论文的亚历山大·索伊菲说:“他愿意与别人分享他的数学猜想,因为他的目的不是为了让自己第一个去证明它。”“他的目的是有人能使问题得到解决——有他也好,没他也好。保罗是独一无二的流浪的犹太人。他周游世界,把他的猜想和真知灼见与其他数学家分享。”这也就决定了埃尔德什不只是一般意义上的数学家。卡尔加里大学的数论家理查德·盖伊坦陈:“埃尔德什对数学做出了巨大贡献,但我认为他更大的贡献在于他造就了大量的数学家,他是最优秀的提问者,他有提各种难度的问题的非凡能力。”

作为数学家的埃尔德什有一套自己的语言,要和埃尔德什交流进而理解他,也得学习他的语言。比如他将上帝称为 SF,即“Supreme Fascist”(“最大的法西斯分子”),因为它常常折磨埃尔德什,藏起他的眼镜、偷走他的护照,更糟糕的是把持着各种诡秘的数学题解不放;他将小孩子称为 ε,因为在数学里希腊字母 ε 代表小的量。对于前者,埃尔德什总免不了要抱怨几句,而对于后者,他的情感细腻得让人感动。

1987 年,保罗·霍夫曼撰写的埃尔德什的故事在《大西洋》杂志上发表后引起了广泛的注意。事隔几年后,当他向埃尔德什征询对该文的意见时,后者坦率地道出了文章的美中不足:“你不该提苯齐巨林(一种脑兴奋剂)的事,我不是说你写得不对,只是我不想让那些有志于从事数学工作的年轻人觉得要想成功就得服用兴奋药物。”这就是埃尔德什。

许多年以前，当埃尔德什还只是个4岁的ε的时候，他不仅“发现”了负数，也“发现”了死亡。“孩子们从来不认为他们还会死，我也这么认为，直到4岁时。当时我正和母亲逛商店，突然意识到自己错了。我哭了起来，我知道我会死的。”成年后的埃尔德什亲眼目睹了身边的一些朋友因上了年纪而变得愚钝，他为此伤心不已。在埃尔德什的语言中，假如某个人已经停止了数学研究，那么他会说这个人“死了”。1996年9月20日，埃尔德什以83岁高龄去世，此前，他在为自己撰写的墓志铭中曾这样写道：“我终于不再愈变愈蠢了。”

（原载《中华读书报》2001年6月13日）

13. 透明心地　美丽眼睛

曾经当过多萝西·霍奇金的学生、后来成为萨莫维尔院长的芭芭拉·查普曼有一次回忆自己在高桌上见到多萝西的情景时用了这样的句子:“年轻美丽,金黄的头发在阳光照耀下,像彩绘玻璃上中世纪圣徒的光轮一样罩在她头上。她独特的步调轻快而富于弹性。她有一个迷人的孩子气的习惯,对人微微一笑,眨眨眼,好像是你的同谋。”在《为世界而生》[1]的封面上,我看到了多萝西的样子,微微笑着,带着一种很腼腆的宁静表情,目光温柔但却坚定。将这样一个文文弱弱的女子与化学联系在一起会让人有些于心不忍。因为在我看来,化学是一件很枯燥乏味的事,假如就让那些与瓶瓶罐罐打交道的日子占去一个女子最美好的时光,那么生活未免太残酷了些。但事实却是,多萝西·霍奇

---

① ［英］乔治娜·费里:《为世界而生:霍奇金传》(王艳红等译),上海科技教育出版社,2004 年 11 月第 1 版。

金不仅与化学结缘,而且成绩出众。

世界上有一种情感来自一见钟情的浪漫,多萝西与晶体的缘分就是如此。11 岁的时候,多萝西已经有了自己的小实验室。读到这儿的时候我追忆了一下我的似水年华,好像我在 11 岁那年还没学会用筷子,而多萝西在这个年龄已经能用灵巧的手来操控酒精灯、试管以及各种瓶子,做实验给她的妹妹们看了。不过,多萝西所受的科学教育开始得更早。10 岁时,她在一个小小的私人课堂上第一次接触到了化学。她和她的同学们一起动手制取明矾和硫酸铜溶液,然后在接下来的几天里,她们看着溶液慢慢蒸发,逐渐显现的晶体如珠如宝闪耀着光芒。女孩子对美丽似乎总有一种出自天然的敏感与冲动。正是这光芒点亮了小女孩美丽温柔的眼睛,用多萝西自己的话来说就是,“我这一生为化学和晶体所俘虏”。

不过,在多萝西进入牛津萨默维尔学院读化学专业之前,另一番经历显然对她产生了同样重要的影响。在她收到录取通知的那年夏天,多萝西随在杰拉什考古的父母一起踏上了一场探索古代世界之旅。当教堂渐渐展露出千年前的容颜,那些图案优美的嵌花人行道又一次抓住了多萝西的心。“中央广场的花纹是相连的八角形,镶着方形或菱形的嵌板,其间多有装饰用的图形……我开始思考,一个平面里两维顺序构成的约束条件……”她将那些嵌花图案画下来然后带到了牛津，这成为她最重要的绘画之一。芭芭拉有一次曾感叹多萝西“对古文物知道的比得奖学金的学生和两个读古典学的学者还多，这真是让人不知所措”，而这也应该归功于在父母那里所受的熏陶了。

多萝西就这样以一种感性的冲动而走进了理性的世界，不过，这个聪慧细致的女孩所拥有的并不只是冲动。一篇发表在1929年3月号《法拉第学会学报》上的文章让她在片刻间体验到了由欢喜而震惊再到启示的复杂心情。那篇文章阐述的是以X射线衍射观察到的晶体结构，而多萝西从中看到的是更深远的研究视野和她所要超越的局限。她无法拒绝美丽晶体的诱惑，并渴望看得更深更远，而现在X射线给了她一双洞悉晶体内部的眼睛。

我的一个旧友有一次曾无限感慨地说，一想到这个世界上还有那么多牛人，她就很恼火。这当然是玩笑。但对于与多萝西一起工作的同事们来说，她的敏锐有时候也的确是令人恼火的。因为“当她看到一张关于某种全新的晶体那还湿着的振动照片时，只消粗略地扫一眼，就能在显然是谨慎地扫一眼后快活地断言那应该是些什么东西，让那刚刚拍出这张照片的年轻人大为惊愕（甚至感到谦卑）”，然后当分析工作在几天后完成之时，人们会发现多萝西的判断是对的。假如有人愿意把这归于一种“女性的直觉”似乎也并无不可，但如果没有那些埋头于模型、仪器和图表的岁月,直觉也许将只是一朵飘忽于未知世界的云。

用比较正式的语言来描述多萝西的科学工作应该是这样的:她用 X 射线晶体学的方法,在 1949 年测定出青霉素的结构,1957 年又测定出维生素 B_{12} 的结构,并因此而在 1964 年获得了诺贝尔化学奖。时至今日,她仍然是英国唯一获得诺奖的女性。

但多萝西在实验室里收获的并不仅仅是科学上的声望与诺贝尔奖,还包括爱情。

1932 年,多萝西来到剑桥,在 J. D. 贝尔纳的结晶学实验室工作。据多萝西自己日后回忆,她在此后开展的那些工作几乎没有一项不是从她与贝尔纳一同研究晶体时便开始的。而贝尔纳在实验室里所努力营造的宽松的气氛不仅使多萝西得到了良好的发展,而且也成为她后来建立自己的实验室时所参照的模式。但贝尔纳不只是多萝西事业上的导师。当爱情发生的时候,贝尔纳正与妻子和两个孩子一起生活。优秀的人生命中或许都会人来人往,贝尔纳正是如此。这就注定了贝尔纳故事的女主角必须相信自由的不受限制的爱,但多萝西的理想却是一种长期的相爱关系,这种分歧最终促使她在与贝尔纳相恋两三年后做出了决定:让他那才智的光辉时常照射到她就足够了。在爱情里没有对错只有错过,但很难说多萝西因此而错过了什么,因为他们在日后一直保持的亲密友谊显然成为多萝西生命中一道美丽的风景。

多萝西所期望的长期的相爱关系后来在托马斯·霍奇金那里得以实现。这是一位有着理想主义的浪漫热情的青年。虽然他们在婚后时时要忍受长久的分离,但是这段婚姻对多萝西无疑是重要的。所以当托马斯在 1981 年去世之后,多萝西会疯狂地想念他,甚至在知道她只占托马斯爱情故事的一部分,也没能减少她的悲伤。多萝西从未对谁说起过她对托马斯婚外恋情的感受,不过在家人看来,托马斯和多萝西都并不认为那是一种背叛。

在多萝西开始科学生涯的 20 世纪 20 年代乃至其后的数十年间,年轻女子所能获得的机会远远谈不上平等。如书中所述,多萝西的实验室是一个"两性平等的避风港",而她自己曾说她"从未觉得性别或婚姻状态曾妨碍了人们接受她作为科学家的价值"。她的成就令人瞩目,但她却不愿意被当做女性的楷模。当她于 20 世纪 40 年代当选皇家学会会员的时候,她已经是三个孩子的母亲。当时,托马斯的表兄弟艾伦·霍奇金在给多萝西的贺信中写道:"你能够把照顾家庭与科学研究结合起来,是一件十分了不起的事情,更不用说还在大学里教书。晚上我得洗盘子的时候就会发牢骚。"

当多萝西知道已婚的女研究生拿的 DSIR 资助比她们同为学生的丈夫拿的要低时,她大为惊讶,这使得她在 1955

年曾插手她的学生詹妮弗·坎珀的事，但最终的结果正如DSIR的秘书所言，她赢得了一场战斗，但没有赢得战争。在多萝西的实验室，有许多女性科学家与她并肩工作，与很多同行一样，她们做出贡献却默默无闻。

就在这本传记的英文版问世的时候，有人曾十分遗憾地指出，这些女性科学家们的名字在索引中是排在她们的丈夫之下的。当然这是仅就英文版而言，中文版没有索引，也为我们省掉了一次遗憾的机会。

2005年2月8日　北京

（原载《文汇读书周报》2005年3月4日）

14. 一段黄金岁月的回忆

当沃森与克里克的那篇著名的论文在《自然》上发表时，离沃森的25岁生日刚刚过去没几天，那是一个年轻得让人羡慕的年纪。尽管沃森自己说过，那时的他“考虑女孩子多于基因”，不过，这仍然可以算是一份可爱的生日礼物。

沃森后来在他的《双螺旋》[①]中讲述了这段发现的故事，一种近乎张牙舞爪的自信在书中表现得淋漓尽致。不仅如此，他在其他方面的一些劣迹也在那本书里暴露无遗，比如骄傲、对知识的功利主义、大男子主义的迹象，等等，都是一些不那么讨人喜欢的缺点，以至于劳伦斯·布喇格爵士在为此书所作的序中也痛苦地说：“书中所涉及的人物必须以一种宽容的精神阅读此书。”

可是不能否认的一个事实是，沃森和克里克“不仅聪

---

① ［美］詹姆斯·D. 沃森：《双螺旋》（田洺译），北京：生活·读书·新知三联书店，2001年8月第1版。

明，他们还聪明地做了某些事”。事实上，在沃森、克里克之前以及同时代的科学家中，曾有不少人埋头于寻找DNA结构的工作，其中包括诺奖得主鲍林。但是捅破最后一层窗户纸的却是这两位在当时尚名不见经传的毛头小伙儿，而非别人。这使我相信，在这个世界上就是有这样一些人，你可以对他们的做派挑出千万个不是，但对他们干出来的活儿却不能不服。更何况写那本书时，沃森不过三十出头，恣意张扬原就是这个年纪的本色。

相比于《双螺旋》的锋芒毕露，《基因・女郎・伽莫夫》[①]显得心平气和了许多，甚至由于爱情的加入而使它带上了些许忧伤的色调。故事开始于《双螺旋》结束之时，1953年4月到1968年3月，几乎跨越了20世纪50—60年代。那是一个属于分子生物学家的时代，而对于年轻的沃森来说，那更是一段黄金岁月。别的且不论，单看这个标题——“基因・女郎・伽莫夫”，如果用我们的常用词汇来讲大概便是“事业、爱情、好朋友”，此三者皆如意者，幸福人生其实已然在握了。

有才有趣的人凑到一起总是会生出许多事来，而那些事在多年以后就会成为佳话，沃森与伽莫夫之间的关系正

① ［美］詹姆斯・D. 沃森：《基因・女郎・伽莫夫》（钟扬等译），上海科技教育出版社，2003年4月第1版。

是如此。沃森的不拘小节常常让年长者头疼,比如他会在作讲座的时候穿不系鞋带的网球鞋,无论早晚总是一顶软帽在头,另外他还有一把玩具水枪,不过他"一般只是将它对准一个从南方来的漂亮女孩,她做无脊椎动物学实验时太严肃了"。而伽莫夫的玩笑更是使这位高个子的家伙成了出名的大顽童。沃森关于成立"RNA 领带俱乐部"的建议将伽莫夫从过多的餐前纸牌游戏中拉了出来,设计领带的工作显然要比纸牌更好玩,伽莫夫自然是当仁不让。

当然,相同的还不仅仅是领带的款式。沃森说过,"对 DNA 双螺旋结构的探求在某种意义上是一个探险故事",而俱乐部的成员便是这样一群有着相同志趣的探险家。所有探险家的时代总是充满光荣与梦想,关于双螺旋的探索当然也不例外。伽莫夫为俱乐部拟定的格言便是最好的注脚:"要么做,要么死,要么别试",这在沃森看来真是正中下怀。多年以后,当年逾古稀的沃森回忆起这一段往事,依然带着年少时的冲动:"我们绝不会说'别试 RNA',那将意味着我们放弃对基因追根溯源。就算科学上最终失败,也比不参加这场战斗要强。"

"从 1953 年发现双螺旋到 1960 年弄清 RNA 在蛋白质合成中的基本途径,我们花了 7 年时间。由于我们在信使 RNA(mRNA)和转移 RNA(tRNA)方面的努力,只花 6 年就揭开了遗传密码的奥秘。"——自信的表情在看似轻描淡写的话语间若隐若现,探险家的气质大抵如此。在许多人眼中,科学家的生活不过是从实验室到居所之间的两点一线,虽然不是没有这样的可能,但对于沃森来说,生活绝不应该如此单调。

沃森的爱情故事的女主角名叫克丽斯塔,这是一位"聪明伶俐、长着褐色头发"的女孩,在她17岁那年,沃森爱上了她。一封信、一句话、一个眼神,恋爱的心情注定要在等待与试探之间逡巡游移。尽管沃森总是很在意克丽斯塔的态度,但他常常会被身边的其他女孩子们所吸引的性格也使这段爱情多少显得有些心不在焉:

> 令人高兴的是,没等多久,埃伦就从停在圣捷尔吉家墙外密密麻麻的汽车中走过来了。即使天色已暗,她看上去仍是个美女,马上就能引人注目。但如果不立刻打招呼,她可能会觉得在MBL世界中不受欢迎——长久没有接触美女的我似乎已经麻木了,我担心不能自如地眉目传情。我赶紧将一杯威士忌加可乐递到她的手中,并且耀武扬威地将她带到安德鲁和伊夫面前,表示除了克丽斯塔我还有别的女郎呢。(P.81)

沃森最终与埃伦擦肩而过,而经历了几年若即若离的恋爱时光之后,克丽斯塔也离他而去。伊丽莎白·刘易斯后来走进了他的生活，他们在1968年成婚，如今，“三十多年过去了，她依然楚楚动人”。

《基因·女郎·伽莫夫》完成的时候，沃森已是73岁的老人。我在意识到这个事实的时候着实吓了一跳，因为所有关于沃森的印象都来自那些拍摄于20世纪50年代的照片，在那些照片里，沃森的笑容灿烂中带着些坏小子的狡黠。

永远不会老的照片记录了老去的人们的生命轨迹，终有一天，也会将那些正在经历的事变成回忆。对于沃森来说，回忆中最鲜活的一幕大概发生在1953年，“我和我的朋友们在双螺旋诞生之时就在场……在这个意义上，我们是一出大型戏剧唯一的演员”。

2003年6月20日　北京

（原载《文汇读书周报》2003年7月4日）

15. “没有呆头呆脑的酶”

有一位外科医生，细说起来应该算是德艺双馨的那种。有一天他在湖边散步的时候，看见有人落水。他于是脱掉衣服潜入水中，把这个遇难者拉上岸并将他救醒，然后继续散步。当看见第二个落水的人时，他又拉他上岸并将他救醒。他疲惫地继续散步。不知道那天是不是正好赶上了落水日，反正只是一会儿工夫，他就碰到了好几个溺水的人，他也注意到，在不远处有一位生物化学家正在全神贯注地思考问题。当他请这位生物化学家过来帮忙救人时，这位生物化学家对此却不慌不忙。问其为何不帮忙，生物化学家说：“我正在考虑一些事情，我努力想弄清是谁把这些人扔进湖里的。”

我估计这个故事多半会惹得好多生物化学家不高兴，所以当我写下它的时候心里忍不住有点发毛。不过，这个故事我就是从一位很牛的生物化学家那儿听来的。当然，在这位生物化学家科学生涯的早期，他曾是一名医生。我说的是阿瑟·科恩伯格，由于在1955年发现了DNA聚合酶而与奥乔亚共享了1959年的诺贝尔生理或医学奖。

科恩伯格是在一本关于他自己的书里讲到这个故事的。这本书有一个颇有些香艳的名字——《酶的情人》①，在美国初版的时间是1989年。我算了一下，假如那就是科恩伯格写这本书的时间的话，那时他应该是一位71岁的老人。我不知道在这样一个年轻就是嚣张的理由的年代，71岁老人写的一本书是否还会有人在读，但是当我花了两个晚上读完了这本书，就一直在想，岁月所能赋予人的不仅仅是衰老的痕迹，其实更多的还是那些独特的经历与一个智慧的大脑。更何况是这样一位永远浸沉于初恋般情感的男主角，以及他所钟情的酶——那样一些捉摸不定、灵动的小家伙。

酶是什么？假如你不知道也不必为此而心虚，因为即使在科恩伯格这样一位与酶跑了大半生"爱情"马拉松的老头看来，它们依然是"深不可测"的。但是这并不妨碍科恩伯格对酶的一腔热情。

自从20世纪50年代沃森与克里克发现DNA的双螺旋结构，紧随其后的这个世纪也被冠以生物技术世纪的名号。

---

① ［美］阿瑟·科恩伯格：《酶的情人：一位生物化学家的奥德赛》（崔学军等译），上海科学技术出版社，2004年10月第1版。

这不仅意味着生物学家们在实验室里闹起了革命，还体现在它对人类生活的全面渗透。走在大街上随便拉个人问知不知道DNA，我估计十个人里能有九个半说知道，不过在科恩伯格的眼中，“尽管DNA威风八面，它也只是指导构建细胞蛋白质的蓝图。DNA本身是无生命的，它的语言冰冷而威严。真正赋予细胞生命和个性的是酶。它们控制着整个机体，哪怕仅仅一个酶功能异常都可能致命。对我们的生命而言，自然界中找不到像酶那样重要的任何其他物质，然而，人们对它的了解如此之少，只有少数科学家才真正欣赏它们”。科恩伯格就是这少数科学家中的一位。

科恩伯格的同行莱德伯格曾说过，酶学研究令急躁的年轻人畏惧，他们令人惋惜地绕开了酶学研究，而乐于追求更容易的基因学说。但科恩伯格却不同，他知道自己应该追求些什么，并且将它付诸实践。从临床医学到研究大鼠营养再到酶的研究，科恩伯格的科学生涯曾有过两次转向。而当他一旦锁定了酶，就再也没有改变过，用他自己的说法，“酶是令人敬畏的机器，其复杂程度对我来说却刚刚好”。一个“刚刚好”注定了一见而钟情的缘分。但科恩伯格不仅是“酶的情人”，其实也是“酶的猎人”。对科恩伯格来说，没有呆头呆脑的酶。每一种酶都是如此独特，让他在数十年的“猎人”生涯中乐此而不疲。而那其中的种种喜悦也许是局外人难以体会的，比如这一段——

那天已经很晚了，奥乔亚和我把已经收集在离心管中的酶溶解。我把最后一瓶酶溶液倒入量筒，这时我打翻了挤在工作台上的玻璃瓶。玻璃瓶倒了，多米诺骨牌效应殃及了量筒，它碎了。刚才的溶液都洒在了地板上，永远没有了。

1 小时后我回到家时，奥乔亚已经给我的家里打过电话了。我如此沮丧以至于他关心我的安全。第二天早上回到实验室，我瞥见了最后那一部分离心分离的上清液。它本应早就被我倒掉的，现在它却留在 -15℃ 的冰箱里。这个液体变得有点混浊，我决定收集这些液体并离心、溶解和分析它。上帝！这部分里含有大部分酶的活性，比我们先前最好的标本的纯度高几倍。这一步骤（略去量筒破裂）成为了论文的一部分。

在与这些小家伙斗智斗勇的数十年间，科恩伯格先后发现了 30 多种酶，其中 DNA 聚合酶更为他赢得了诺贝尔奖。然后在 1967 年，他又合成了第一个具有生物功能的病毒 φ×174。但是酶的研究者还只是科恩伯格的身份之一，他还在斯坦福大学医学院创建了生物化学系，并在系主任这个位子上一干就是 10 年。尽管科恩伯格自己说，“卷入医学院和大学的事务是一件头痛的事”，因为他“从未发现自己在这方面的技巧和耐心”,但是生物化学系的发展却证明他无疑是一位优秀的领导者。

电影《魂断蓝桥》中有一段经典台词叫做“外行不懂内行懂”。在这本书里,有许多外行人看不懂的专业内容——这些内容似乎更合适从事这一领域研究的专业人士阅读,我当然不敢拉开架式也叫嚣一把“外行不懂内行懂”,不过,从那些非专业的内容里其实也可以读出更多味道,这种味道蔓延在科恩伯格与酶痴缠的大半生经历中。我在想,它也许真的与爱情有关。

2005 年 2 月 6 日　北京

(原载《文汇读书周报》2005 年 3 月 18 日)

16. 刻在心里的那株白橡树

谈论一位大家以及他的书,这无疑是一件并不那么容易的事。因为他的经历、思想乃至身后的评价都已经被许多人说了许多遍,比如说到梭罗及其思想轨迹的形成,就一定要说到爱默生及其超验主义、华兹华斯及其湖畔派诗歌,梭罗受到他们的影响至深。这不仅在他的作品中得到了体现,更成为他的生活方式。

1945 年,28 岁的梭罗在瓦尔登湖畔建造了一座小木屋,并在那里度过了两年的隐居生活。后来的另类历史学家曾考证说梭罗在那两年里并非完全与世隔绝,而是常常溜回家里翻找好吃的解馋。这个形象实在与他的简单生活理念不那么相符,甚至有人认为他隐居瓦尔登湖也因此带上了一些些矫情的色彩。但在我看来,即使上述考证属实,也并不会将他与矫情扯上什么关系。他只是按照自己的方式生活,简单的,独处的,并享受于此。两年的独处成就了他的传世之作《瓦尔登湖》,但这本书也并非想要宣告什么,在他写作此书之初,他只是为了满足那些好奇于他的隐居生活的邻居们。

与《瓦尔登湖》不同,梭罗的《种子的信仰》[1]更像是一部植物的传记。如果不是在书店看到它,那么关于梭罗,我可能只知道瓦尔登湖,或者只是作为写者的梭罗。但是《种子的信仰》展现了另一个梭罗,一个作为博物学者的梭罗。1947 年,梭罗结束了两年的隐居生活回到家乡康拉德镇,在那之后的十余年间,梭罗写下了长达 9 000 页的原始笔记和博物学日记。《种子的信仰》一书也正源于此,它汇集了梭罗留下的 354 页《种子的传播》手稿和 631 页《野果》手稿。在这本书里,作者细致地描绘种子的变迁,它们是如何经由风、水或者动物传播到它们想要去的地方。梭罗写道:“我不相信/没有种子/植物也会发芽,我心中有对种子的信仰。让我相信你有一颗种子,我等待着奇迹。”

若论梭罗的文字,我以为生态学家格雷・保罗・纳班的评价无疑是恰当的。他在《种子的信仰》一书的前言中这样写道:“读他的日记,我知道了一个人如何能将细致的科学观察与诗人对语言的掌握糅合起来。在梭罗身上,我第一次见到一个人不用将自然和诗歌对立起来,而是预想出

---

① [美]亨利・戴维・梭罗:《种子的信仰》(王海萌译),上海书店出版社,2010 年 7 月第 1 版。

一个可以同时丰富我们感知、心灵和头脑的均衡系统。”显然，梭罗的书并不仅仅是一部文学作品，事实上，当拿起这本书，我们早已习惯的这个世界就会安静下来，而另一个平时被我们视而不见的世界则会慢慢浮现。

在梭罗的笔下，无论是种子还是松鼠，抑或森林中的其他什么，都是充满灵气的生命体。比如他写秋天的松鼠：

> 松鼠不愿在冬天挨饿，这样它们在秋天得忙着采摘。每一片茂密的树林，特别是常绿林，都是它们的仓库，它们尽快收藏着种种坚果和种子。你在这个季节见到的松鼠在篱笆边欢快地跳动，尾巴在头上摇来摇去，在二三十杆以外就可以看见它，也许嘴里还含着一两个坚果，带到远处的灌木丛去。

在高度工业化的现代人看来，这样的一生也许是庸庸碌碌的吧，但是如果换一个角度再看就会发现，这个世界，即使没有钢筋水泥，没有人类挟科学技术之势而创造出来的“财富”，也依然可以美丽——也许会更美丽，但是如果没有这些“庸庸碌碌”的小精灵，没有这些自在流过的水与风，人们也许将难以想象这个世界会变成什么模样。从这种意义上来说，梭罗的文字不仅让我们看到了平常不易觉察的美，更重要的是唤起人们关于美与所谓“价值”的思考。

梭罗曾经说过，“大多数人在安静的绝望中生活，当他们进入坟墓时，他们的歌还没有唱出来”。许多年前的某个时刻，当我坐在一大片湖水边时，我曾经自问“我是否真正活过？”而此刻，梭罗的书以及他的这句话让我再次想起这个问题。梭罗无疑是真正活过的，不仅如此，他还用他对种子、对世界本源的追问完成了有根的写作。

1862年5月6日，45岁的梭罗在家中病逝。在他生前的某一天，当他与友人在林中散步的时候，他曾说过：“我死时，你会在我心里发现镌刻着一株白橡树。”

2010年12月12日　黄浦江畔

（原载《新发现》2011年1月号）

17. 薛定谔:他的科学和他的激情

如果评选史上为人类科学事业献身的动物,薛定谔的猫必定能高居榜首。虽然这只可怜的小猫从未存在过,但她的生死却让物理学家们牵肠挂肚。量子力学带来了一个不确定的世界,生活在这个世界的小猫自然也在劫难逃,但是不确定性看来并不仅仅让普通人心怀惴惴,据说霍金在听到小猫的悲惨故事以后曾说:“我去拿枪来把猫打死。”而对于更多物理学之外的人们来说,也正是因为这只小猫才顺藤摸瓜地知道了那位名叫薛定谔的物理学家——尽管大多数人也没闹清楚这只小猫到底是活着还是死了,更不知道为什么一位堂堂大教授要跟一只可怜的猫过不去。这只小猫的命运已经被许多的书、许多的文章讲了一遍又一遍,此处且按下不表,我要说的是那位名叫薛定谔的物理学家以及一本关于他的书。

20 世纪上半叶的物理学可谓群星闪耀,相比之下,薛定谔的名字显然不像爱因斯坦那样妇孺皆知。究其原因大概是,他的发现对于普通人来说并不像爱因斯坦的来得那么震撼。遥想当年,当媒体以“空间‘弯曲’了”“天上的光线全都是弯曲的”为题报道日食观测队是如何验证了爱因斯坦的胜利时,尽管并不是很多人真正清楚这些表述的含义,但这也并不妨碍大家认为这个被验证了的发现是具有颠覆性的。但是薛定谔的发现则不同,他的波动力学关乎电子们的运动,那是个平常人看不见摸不着的世界,而要抛出一个掷地有声的句子来对之加以概括则更是难上加难。尽管如此,还是有人注意到这位很少出现在公众话语中的科学家其实是“一位多才多艺的人,非常值得作为一本畅销传记的主角”,而且他还承认说“越是探索他的生活,就越发现它的不同寻常”。这就是约翰·格里宾,一位来自英国的著名科学作家。这部传记的书名原文“薛定谔与量子革命”多少显得四平八稳平铺直叙,倒是中译本书名颇有几分妖娆,叫做《量子、猫与罗曼史》[①],一下子就抓住了薛定谔的人生关键词——事实上,格里宾所谓之薛定谔人生的“不同寻常”以及作为畅销书主角的潜质大致也正源于此。

作为量子力学的重要奠基人之一,薛定谔的人生并不只有物理学。他的同行马克斯·玻恩曾经评价说:“他的私

① [英]约翰·格里宾:《量子、猫与罗曼史:薛定谔传》(匡志强译),上海科技教育出版社,2013年12月第1版。

生活对于我们这样的保守中产阶级分子来说,似乎很不可思议,但这一切都无妨。他是位极可爱的人,无拘无束,喜欢逗趣,性情多变,仁慈慷慨,并且拥有极完美而聪明的头脑。"简单地说大概就叫做性情,它可以理解为一种气质,也可以是一种态度,在他人生的种种细节中被体现得淋漓尽致,无论是他的科学还是他的爱情。英国科学史家阿瑟·米勒曾经在追溯薛定谔的波动方程时开篇即援引薛定谔好友的回忆说"他在生命中的一次姗姗来迟的情欲大爆发中完成了他的伟大工程",精准概括了二者之间的关系,这其实也解释了何以在这位物理学家的传记中,他的绯闻是无论如何绕不过去的话题。既然有了如此的认识,我对这本有着妖娆书名的传记充满期待,而它当然没令我失望。

用"桃花处处开"来形容薛定谔的生活应该并不为过。1916 年,他在意大利前线服兵役时甚至接待了他的其中一位女友安妮,而她后来成了他的妻子;1926 年他为一对双胞胎姐妹补习数学的时候则与其中一个女孩发生了持续数年的恋情,这也正是他"发现波动力学后的那些年科学生涯中不可被忽视的一个背景";1933 年,当他从德国出走来到牛津就职时,他同时带着妻子和情人,这令校方不胜惊异……他的笔记本上用代号记录了他的所有情人,这在作者看来显然是"很失礼"的,当然我也几乎是这么认为的,但我怀疑假如他不用笔记本记下来的话,他可能会忘记他曾经的那些花儿，而这看起来更加失礼。不过，再读下去我发现这样的揣测可能是小人之心了，因为格里宾很认真地告诉我们说："尽管薛定谔有许多和女性的风流韵事，但其中几乎没有一夜风流。从他的日记里判断，爱对他而言比性更为重要……他常常陷入情网——或确信自己坠入情网，而当他陷入恋爱之中时，基本上他的生活都是美好的，而他的科学创造力也从中获益。"对薛定谔来说，爱并非生活的调味剂，而就是生活本身，他认真（尽管常常并不专注）且充满热情地爱过他的每个花儿，就像他对他的量子世界的认真与热情。

大概也是因为热情（甚或激情），他的学术兴趣并不仅仅局限于让他功成名就的量子力学，就像他的爱情并不总是专注于一个人的身上。他读叔本华，对哲学和东方宗教兴趣浓厚，写过诗，还写过一本关于古希腊的科学与哲学的书。他最成功的一次跨界学术与生命有关：他在都柏林三一学院的讲座《生命是什么》吸引了大批听众，因为实在想听的人太多，他不得不在计划外又为没能进入礼堂听讲的人重复开讲。而沃森在数十年后曾亲口承认说："从我阅读薛定谔的《生命是什么》之时开始，我就沉迷于找出基因的奥秘。"

薛定谔的至情至性也并不只交给了他的科学和姑娘。1933 年的德国，希特勒已经上台成为总理。此时的薛定谔已然在科学界建立了自己的地位，他在柏林大学有一份稳定的终身教职，并且在 1929 年当选普鲁士科学院院士。尽管薛定谔不是犹太人,当时也并没有受到政权的任何威胁,但是他厌恶德国正在发生的一切,因此当得知英国牛津新设立的帝国化学工业公司有一份短期职位时,这位45岁的教授宁愿放弃他已然拥有的一切而去当一名只有短期工作的流亡者,去面对一个不确定的未来。再往后,他回到了已然纳粹主义气息浓厚的奥地利——他的祖国,这个举动在他事后看来是"空前愚蠢"的,因此在两年后再次出走。读到这里的时候一直在想,是否所有关于他的未来的不确定性对于一位量子物理学家来说原就是确定了的事,所以他才可以走得如此淡定。

作为薛定谔的传记,此书的主角自然是薛定谔无疑,不过为了对薛定谔的发现给出更为清晰的表述,作者在书中也用了大量篇幅细致铺陈了薛定谔之波动力学的发现的前因后果,这当然有助于不具备相关背景的读者更快地进入角色,更重要的是呈现出一个相对完整的知识发展链条和一种学术生态。在这条知识链中,关于自然的发现是每个人共同的主题;而在这个学术生态圈里,每个人各自的际遇与色彩让这个在大多数人看来枯燥的世界竟也活色生香起来。薛定谔就属于那个世界,他的同行们也是。

2014年3月19日　塞北青城

(原载《新发现》2014年5月号)

18. 盗火者、浮士德及其美国悲剧的启示

20世纪的科学家中,奥本海默的名字既不像爱因斯坦那样耀目,作为"原子弹之父"的他也并不像"氢弹之父"泰勒抑或化学家哈伯那样充满争议。但他一生的经历充满了关于科学与人类、科学家与政府的隐喻,其际遇有如"过山车"般跌宕起伏,令人扼腕又耐人寻味。有人将他比作盗火的普罗米修斯——他为人类带来了原子之火,但当他想控制这束火时,当权者像宙斯一样勃然大怒,并且狠狠惩罚了他;而在美国物理学家弗里曼·戴森看来,当奥本海默决定参加研制种族灭绝的武器,就是"一种浮士德同魔鬼做的交易",而且奥本海默还像浮士德一样企图跟魔鬼重新谈判交易的条件——他遭到了拒绝。这个关于普罗米修斯与浮士德的比喻被写在《奥本海默传:"原子弹之父"的美国悲剧》[①]一书的

① [美]凯·伯德、马丁·舍温:《奥本海默传:"原子弹之父"的美国悲剧》(李霄垅等译),南京:译林出版社,2009年12月第1版。

前言与引子中,它既像是奥本海默一生的写照,也为全书的基调埋下了悲情的伏笔。

对奥本海默稍有了解的人都会知道,他一生最重要的两个角色当数曼哈顿工程的负责人以及麦卡锡主义的牺牲品。这样的角色使得此书的意义远远超出了一部科学家传记,更成为考察其所处时代美国史的研究文本,因为奥本海默在 20 世纪所经历之种种所承载的是——借用美国历史学家罗伯特·达莱克的评论——"美国政府在恐惧时代滥用权力的警示故事"。也许在这个故事的开始,奥本海默只是想以科学家的身份为国尽忠,但当事情一步步推进,他发现自己已经无力阻止一场悲剧的上演。这是个人的悲剧,其实也是人类的悲剧。与之相应地,《奥本海默传》不仅将奥本海默的心路历程描绘得细致入微、丝丝入扣,其实也展现了围绕科研立项展开的种种利益关系。原子弹的爆炸终结了科学的纯真年代,而奥本海默之受审以及其安全许可之被取消则更像一个暗示:挑战国家政策的人会有严重的后果。

原子弹的研制(乃至后来的冷战政策)缘于某种恐惧,而战争似乎从来就不是政府之间的较量。当国家利益与科学家的道德底线发生冲突,奥本海默一度选择了前者,或者更确切地说,他并没有意识到后者的存在——战争会让温文尔雅的人做出不可思议的举动,也会让理智冷静的头脑暂时停摆。他不仅成为曼哈顿工程的负责人,而且令他的几乎所有同事感到不满(可能还有些没想到)的是,他会原封不动地接受了军方的建议:在这个新实验室里所有的科学家都应该成为现役军人。

但是,并不是所有人都停止了思考。在这本书里至少有两位思考者给人留下了深刻印象。一位是物理学家拉比,他是奥本海默"为数不多的能够当面指出他错误的朋友之一"。他曾与其他几位物理学家一同建议奥本海默必须让实验室去军事化,并且从根本上质疑原子弹的建造理念。这也许跟拉比本人的经历有关:"从1931年当我在上海看到日本空袭郊区的情景时,我就强烈反对这个了。你投下一枚原子弹,但是原子弹并不管你是否具有正义。"他不想让物理学三个世纪以来最伟大的发明成为一种毁灭性的武器,并且拒绝了留在曼哈顿工程工作。拉比深信这样一个不同寻常的声明会在奥本海默内心产生强烈共鸣,但令他没有想到的是,身处战争中心的奥本海默第一次对"原子弹的道德逻辑"这种形而上的问题失去了耐心。

与拉比一样,芝加哥大学冶金实验室的利奥·齐拉也是战时的思考者。他曾是第一个力促罗斯福总统开始原子武器计划的人,但当轰炸城市的行动将惨烈的景象一幕幕呈现于世人面前时,他开始不断地试图阻止原子弹的使用。他在写给总统的备忘录中提醒说,如果使用原子弹,将会引发和苏联的军备竞赛;他与国务卿伯恩斯会面,但没有任何收获;他的第三次努力同样以失败告终,这一次他所面对的说服对象正是奥本海默。

当第一颗原子弹爆炸成功的时候,拉比在远处看见了奥本海默,“他的步态像正午的太阳,这是一种高视阔步的姿态,他做到了”。但奥本海默不久就看出了问题。当他意识到原子弹已经变成了武器,而且是由军方控制的武器,他开始变得沉默。这使得他与之前同齐拉会谈时的那个奥本海默判若两人,那时他曾对齐拉说原子弹“是一个没有任何重大军事意义的武器。它只会发出突然的一声巨响,一个声音非常大的响声,但是它不是在战争中有用的武器”,而此时他知道即将发生什么,而且明白结果意味着什么。

奥本海默后来回忆说,当原子弹在广岛上空爆炸的消息传来时,他的第一反应是“谢天谢地,这东西不是一个废物”,但几秒钟过后,“遍地尸首的恐怖场景就开始在他的脑中浮现”。为了这个“三个世纪以来物理学的高峰”,奥本海默付出了巨大的代价。他的差不多整个后半生是充满自省的,正是这份自省促使他尽其所能去阻止氢弹的研制,但也是因此,他对国家的忠诚受到质疑。奥本海默对氢弹的反对,以及他年轻时代与共产党好友们的过从,使他成为麦卡锡主义的牺牲品。但即便如此,他也并没想到过要离开风暴中心,离开这个国家——“见鬼,我偏偏深爱着这个国家”，因为这个缘故，他选择了独自承担与忍耐。

假如性格决定命运，那么奥本海默的命运在他刚刚 14 岁的时候就几乎已经注定了。那年的夏令营，他被一群同龄的孩子们围攻，脱光衣服拳打脚踢，之后被关进夏令营的冰屋整整一夜。但是奥本海默并未因此离开夏令营，更没有任何怨言，他独自忍受了所有这一切。“正像他的朋友发现的那样，在罗伯特看似脆弱而又稚嫩的外表下，隐藏着一种倔强自傲和坚强的性格，这种性格贯穿于他的一生。”

2010 年 5 月 11 日　北京

（原载《中国图书商报·阅读周刊》2010 年 6 月 1 日）

去日生香

记忆如同一个标记，将人生经历、岁月冷暖铭印在每个人心底最隐秘的地方，等待在某个时刻被唤醒。每个人都因着各自的记忆而与众不同，每段生命又都因为他人的记忆而永远不会消逝。

19. 当“辣手神探”遇到“眼镜皇帝”

据说美国广告界有一句十分著名的口号：不做总统，就做广告人。信心满满，才情飞扬，让人听了眼前就会浮现出早上八九点钟的太阳。我在读到《水晶太阳之谜》[①]的时候想起这句话，不是因为这本书出自总统或广告人之手，而是因为我想借用这个句式来描绘我对此书作者的印象——“不当侦探，就写侦探小说”。我说的是罗伯特·坦普尔，他来自英国。与史上最牛的大侦探福尔摩斯生活在大抵相同的经纬线之间。请别误会，坦普尔的主业既不是侦探，也不是侦探小说作家。他是鼓捣历史的，或者换句话说，他是在故纸堆里探案的人。

还是言归正传吧。

刚看到《水晶太阳之谜》这个书名的时候，我在心里先

---

① ［英］罗伯特·坦普尔：《水晶太阳之谜：现代人失落的宇宙奥义》（徐俊培译），上海科技教育出版社，2006年5月第1版。

就激灵了一下，再看副标题“现代人失落的宇宙奥义”，便愈发激灵得厉害了。但转念再想又觉得自己很有点小人之心，仅仅因为标题中出现了诸如“水晶太阳”“失落”“宇宙奥义”这样的关键词，就对一本书产生先入为主的偏见，这实在不应该是一个大多数时候会自以为还算有点头脑的人干的事。深刻地反省过后，我坐下来开始看书。虽然北京的伏天儿着实难熬，但好在这本书虽是头绪众多，却线条清楚，十分好读。

英国历史哲学家沃尔什曾有言：

> 没有一个历史学家可以叙述过去所发生的一切事情，哪怕是在他所选择的研究范围之内；所有的人都必须选择某种事实作为特殊的重点，而把其他的统统略去……每一个历史学家显然都把一组利害、信仰和价值——它们显然对他所认为是重要的东西有着某种影响——带到了他的研究里面来。

透过带有明显个人特征的“镜片”观照其择定的历史，这几乎是历史学者无法逃脱的宿命。而在《水晶太阳之谜》中，作者坦普尔选择的这一特殊的重点是镜片——当然，这是简单的概括性说法，具体来说就是光学技术在古代的应用。在他看来，这是一段被大多数主流历史学者有意忽略掉的历史,而他想要做的就是透过自己观察历史的“镜片”,来重新审视镜片的历史。这句话有点绕,所以我需要重新表述如下:尽管许多人认为,光学技术的应用开始于近代,但在坦普尔看来,这个年代其实更早,在很早很早的古代,光学技术已然被掌握和应用了。为了支持自己的结论,坦普尔找出450余种古代光学手工产品作证据,还翻出古代的著作,逐条逐句地分析其可能的含义以作旁证。

坦普尔在普林尼的著作中找到证据,古罗马的尼禄皇帝是个近视眼,并且为了更清楚地观看角斗士而用一个绿色的翡翠凹透镜来改善视力;他发现古罗马时代迦太基人在作战中已经使用了望远镜,而现代通常的看法是,望远镜产生于17世纪初;他从古希腊学者的著作中寻章摘句,试图解开“水晶太阳”为何物。

纵观全书,它很难被归入严格的历史学著作。因为书中时常会出现“可能”“或许可以”这样的字眼,每每读到时令人颇有些揪心。但是值得称道的是,作者为了支持自己的观点而舍得付出时间与精力东奔西走,翻阅古代文献,观察古代器物,这样的举动已足够令那些心不在焉的历史学者自感相形见绌了吧。而我很看好这本书的另一个原因则在于它所具有的启发性。在我看来,如果一本书能为读者的兴趣打开一个缺口,并以这缺口为起点任思绪驰骋的话,那么这本书无论如何都是值得一读的。

我这么说当然不是平地起风，因为当我读着这本书的时候忽然想起了克莱顿小说《重返中世纪》中的一段情节：考古学家们有一天从中世纪遗址的发掘现场找到了一个光学镜片，正是这件无论如何也不该出现在那儿的物件让那群考古学家们意识到他们的教授出事儿了。这么一走神儿之下，我忍不住开始浮想联翩起来：也许在漫长的人类文明史中，镜片所扮演的角色并不仅仅是修正或增强视力那么简单，大约它还承载着更多文化的非物质的意义，大约当坦普尔观察那些镜片的时候心里也会这么想，大约……然后我忽然意识到，我和坦普尔同学居然有着相同的爱好：信马由缰地推测与琢磨。于是我决定以一个推测来结束我的文章：对于喜欢信马由缰地推测与琢磨的人来说，如果愿意放弃钟情的历史而选择去当侦探或是写侦探小说，多半能做得更出彩，有朝一日真成了个辣手神探也未可知。我这么认为，但是不知道坦同学怎么想。

2006 年 8 月 10 日　北京

（原载《中华读书报》2006 年 9 月 13 日）

20. 时间正在进行,时间正在过去,时间……

2005 年 7 月的某个傍晚,我坐在湖边的长椅上发呆。尽管总有人在暮色中走来走去,总有风穿过树梢时的摇摆,但周围的环境依然安静得足以让人浮想联翩。那个湖名叫思源湖,那棵树名叫柳树,只是我坐着的那条长椅没有名字。没有名字并不足以引起什么不安,虽然我以为世界上一切的事物都应该有个名字。比如我们看不见但却的确每时每刻从我们身边流过的那种东西,我们看不见它却也给它起了名字,叫做时间。这件事对我很有启发:既然我们看不见的东西也可以有个名字,那么我坐着的这条长椅似乎更应该有个名字,或者我也可以把它称作"时间",只要我愿意。所以我将重新表述一下我在 2005 年 7 月的这个傍晚的经历:2005 年 7 月的某个傍晚,我偎在"时间"的身旁,感觉时间从我身边慢慢溜走,琢磨着怎样打发时间或者留住时间。

这件事还告诉我们,有一些东西我们虽然看不见也摸不着，但这并不意味着我们可以因此而忽视它，比如时间。而这也正是英国哲学教授普瓦德万在他的《四维旅行》[①]开篇讲到的一个故事将带来的启示。这个故事的主角名叫培根，他花了好多年铸了一个黄铜人头，铸好了之后，这个人头就开口说了好多话。当然了，黄铜人头也会卖关子，说了一些话之后就不说了。培根等啊等啊等累了，就让一位修道士帮他盯着，等人头一说话就喊他，然后就找地方迷瞪着去了。过了一会儿，那个人头还真又开口说了话，但那修道士觉得这话不重要就没去喊醒培根；然后人头说了第二句话，他还是没去，然后那人头说到第三句的时候自己撞到地板上摔成了碎片。对这件事，培根虽然生气但也没辙，在那之后，虽然他又铸了好几个黄铜人头，但都不会说话了。

这个故事很是吸引人，所以一读到这儿我就被抓住了，并决定要把这本书读完。事实上，故事中最重要的倒不是它的情节如何发展，而是那个黄铜人头所说的三句话。它说：

时间正在进行。

时间正在过去。

---

① ［英］R. L. 普瓦德万：《四维旅行》（胡凯衡等译），长沙：湖南科学技术出版社，2005 年 5 月第 1 版。

时间完了。

这三句话里似乎暗藏机关，所以当我坐在湖边柳树下的“时间”上发呆的时候，我一边在心里念叨着这三句话，一边则忍不住地为自己的思想正在变得深邃而得意。这个故事对于普瓦德万的意义则在于让他从此迷上了时间，用他自己的话来说就是：“它使我相信时间的秘密正是打开生命之门的钥匙，而且这些秘密的知识可能是危险的，甚至不能为人类的心智所知晓。”

确切地说，《四维旅行》不是一本关于时间与空间所涉及的物理理论的书，而是一部引人入胜的哲学书，或者说是一部关于时间和空间的哲学简史。在作者看来，“对经典的悖论和问题的概念性分析对思考时空的物理来说是重要的入门训练”，为此，他选取了历史上一些经典的悖论和问题作为此书的主线索加以讨论。假如有人希望从他的书中找到求解这些问题的最终答案，那多半会失望不已。作为哲学教授的普瓦德万显然更喜欢提出问题，而不是解决问题。我猜他多半希望自己的书也能像那个黄铜人头的故事一样，把更多人卷到对时间与空间的兴趣与思考中去。若果真如此，可以说，普瓦德万的目的不仅达到了，而且他做得相当出色。

我们生活在时间与空间的包围之中，不管是否情愿，我们都被时间和空间一路裹挟着走到了今天。与时间和空间有关的哲学问题始于很久很久以前。比如古代希腊有一个叫芝诺的哲学家,他讲的一个故事直到今天还被人们津津乐道:阿基里斯是古希腊跑得最快的人,除此之外,他还是一个坚信友谊第一比赛第二很讲体育道德的谦谦君子。有一天他和乌龟赛跑,主动提出要让对方先跑出 100 米。一让之下,无论阿基里斯跑得有多快,他都再也追不上乌龟了……一个体育事件就这样变成了哲学上的难题。阿基里斯追不上乌龟的郁闷,阿基塔站在空间边缘的思考,康德二律背反的困惑,经典的魅力就在于无论何时重提都会鲜活得足以在头脑中激发起一场又一场的风暴,而普瓦德万的魅力则在于他能站在风暴的中心,气定神闲地将其引向他所希望的方向,并在这一过程中提出更多问题,引出更多风暴。

在以相当多的篇幅讨论了无穷还是有穷、是否无限可分等时间和空间的共同问题之后,作者将注意力集中到时间有别于空间的特性,即时间的流逝和方向上。麦克塔格特在此时的出场也就因此而显得十分引人注目了。这位被其同事们称为“疯子”的英国哲学家因提出时间的非实在性而闻名,这一理论颇有颠覆性,因为假如这是真的,那么我们今天所坚信不疑的东西都将被推翻而重新来过。按照普瓦德万的说法,当年他在读研究生的时候第一次接触到麦克塔格特的证明就感受到“强烈震撼”。他因此而相信：第一，过去、现在和将来在实在中没有绝对的区别；第二，我们把自己看作在时间里移动的观察者根本是错误的。这样，关于时间与空间的哲学问题也因此被引向了对哲学根本问题的讨论，即时间、空间与自我之间的关联。时间与空间是独立于“我”而存在的，还是如上一段第一句所言“我们生活在时间与空间的包围之中”？“我”能否挣脱三维的囚牢回到过去或未来，去干预历史、预知未来？如果时间只是意识里的东西，那么为什么它看起来有个方向？……诸如此类的问题散落在书页间，将关于时间与空间的探讨不断引向深入，令读者浸沉于阅读与提问所带来的快感而欲罢不能。

从全书的结构来看，作者散点式的讨论看似有些杂乱，但却赋予此书一副亲切可人的面孔，让人在不知不觉之间跟着作者的笔进入思考的状态。这件事告诉我们，严肃的问题未必总要严肃地思考，比如时间。于是，在 2005 年 7 月的另一个傍晚，我偎在“时间”的身旁，感觉时间从我身边慢慢溜走，开始散乱地思考关于时间的一些问题。在那个傍晚，在我的身边，时间正在进行，时间正在过去，时间……嘿嘿。

2005 年 7 月 17 日　上海闵行

（原载《中国图书商报·阅读周刊》2005 年 7 月 22 日）

21. 指上的秘密，纸上的文化

> 我的右手还握着笔，左手悄悄地伸到了下面，那儿已经湿了，能感觉到那儿像水母一样黏滑而膨胀。放一个手指探进去，再放一个进去，如果手指上长着眼睛或其他别的什么科学精妙仪器，我的手指肯定能发现一片粉红的美丽而肉欲的世界。肿胀的血管紧贴着阴道内壁细柔地跳动，千百年来，女人的神秘园地就是这样等待着异性的入侵……我用一种略带恶心的热情满足了自己，是的，永远都带着一丝丝的恶心。

读过小说《上海宝贝》的人，多半会对这一段有些印象。伟大的启蒙老师卢梭曾经将某一类“危险书籍”称作“只用一只手来看的书”，将这种说法借用过来，上海宝贝 Coco 正在写的大约可以算是“只用一只手来写的书”——她以自己的身体深度介入到小说的写作，并在这一深度介入中感受都市生活中夜晚之狂欢以及接踵而至的昼间的落寞，现代都市生活所带来的这种心理落差几乎与“孤独的性”暗合：在都市的某个角落里以幻想与手指独享性的欢愉，然后在瞬间的尖峰体验之后跌入更深的孤独。

手淫，美国人拉科尔将其称之为“孤独的性”，这不仅描绘了手淫作为一个人的性的方式，事实上也勾画出手淫者的心理状态。张楚唱：“孤独的人是可耻的。”而在《孤独的性》[①]一书中，作者开篇即写道：

> 手淫在现代史上是低俗可耻的。……在这里，哪怕只是短暂的一瞬间，欲望和幻想淹没了道德和原则；强烈的自我意识冲破了性欲的荒原，进入到一个手淫者自己幻想出的奢华世界。在很长一段时间里，手淫一直徘徊于社会的不齿和自我的满足之间。

如果为世界上最可做不可说之事开列排行榜，那么手淫多半会位列榜首。这种难以启齿的隐秘性几乎是在手淫成为一种文化之初就已注定了的。1712 年，一本名叫《手淫；或可憎的自渎之罪，以及在两性中产生的严重后果，对那些用此种可耻手段伤害自己的人们提出精神以及肉体的

---

① ［美］托马斯·拉科尔：《孤独的性：手淫文化史》（杨俊峰等译），上海人民出版社、上海科学技术出版社，2007 年 8 月第 1 版。

忠告,并郑重劝诫全国的年轻人,无论男女……》的匿名小册子在英国出版,由此开始,手淫成为“一种频繁出现且急需矫正的罪恶”。或许可以毫不夸张地说,手淫文化的产生是大众传媒或者说印刷技术飞速发展的产物,因为在 1712 年之后,不仅《手淫》一次次地再版,而且大量与手淫有关的作品相继问世,以迅雷不及掩耳盗铃之势迅速开创了一个“有利可图的市场”。1728 年,“手淫”这个字眼,在钱伯斯《百科全书》这样一部学术巨著中有了自己的位置。耐人寻味的是,街谈巷议也好,学术讨论也罢,一个话题之生成与被谈论似乎正是为了将有关这个话题的谈论引入密室,让这个可说可不说的事变得不可言说却又不得不说。

于是,一个私密的话题,一种私密的阅读方式,经由印刷媒介广泛传播,这件事本身在 18 世纪构成了一幅既充满矛盾又意蕴深远的图景。“独自性行为是秘密的恶行,要宣传这一观念,私下里的阅读成了最佳途径。……偷偷去读关于秘密的书,定会使秘密显得更加危险,但同时也会使秘密变得更加甜美。”就好像当年,上帝说树上的果儿不可吃,但是夏娃与亚当小朋友还是偷偷跑去吃了,原本吃一个果子本身也许并没有什么,但知不可吃而吃之,问题就来了;一个果子的味道也许稀松平常,但当吃果子变成禁忌,而禁忌成为诱惑,偷吃本身也就成了一种甜美的错。手淫之成为一种文化的过程与此大抵相仿:手淫并非始于 1712 年,不过在此之前从来都没有成为人类性行为中的核心话题，然而《手淫》的出版使事情发生了变化，它在设置一个话题的同时，也定义了一种禁忌，当人们以谈论一种罪恶的方式谈论手淫，知不可为而为之也就成了罪恶。人自己充当了一回上帝，解决的问题却与上帝他老人家解决的问题约略相同——依然与性有关，这似乎暗示了性首当其冲的就是人性中最薄弱的链条。无论是偷吃禁果抑或手淫，知不可为而为之的背后其实是人与欲望的冲突，而手淫正是过度纵欲的最直接方式。

然而还有比纵欲更危险的，这就是幻想。18 世纪有一首卖假药的打油诗这样写道："还有什么比幻想力/更刺激，更低级，更危害身体/如此猥亵的想着那个不在身边的人/本来该完成崇高事业的性器/被激起，冲进幻影的怀里/还伴有自我快意"。"幻想的力量"就是 1712 年以后人们公认的手淫危险之所在，它的危险性在于，作为一种存在于幻想或想象中的东西，现实无法对其加以限制与约束。

18 世纪有关手淫有害的医学与道德追问也许更像一场梦魇，而将人们从梦魇中挽救出来的则是弗洛伊德学说。由此手淫文化进入了一个全新的阶段，"手淫这种曾在道德上受到质疑而且被医学认定为极其有害的行为，在弗洛伊德的学说里，成为心理发展模式的必经阶段之一"，是性欲表现的基本形式。

对弗洛伊德的超越是伴随着女权主义与男同性恋运动的兴起而到来的。20 世纪 70 年代，当一部名为《我们的身体，我们自己》的书出版，手淫文化也随之进入其最后一个阶段：手淫行为被认为是自恋、自爱的一种体验，也是自我满足的一种形式，它使每个人在与他人形成各种关系的同时，不会丧失自我。不过，理论上的超越并不意味着关于手淫的争论走向终点。是人人追求的理想天堂，还是万人唾弃的卑鄙行径，这样的争论仍在继续。再一次地，我们将看到大众媒介的参与不仅为之推波助澜，亦成为一种犹疑不决、摇摆不定的态度的反映。

欲望、幻想、孤独、私密，当所有这些特征集于一身，对手淫的考察也就无可避免地成为一种文化审视；造就文化的两条线索是道德与秩序，而医学在为道德与秩序助威方面扮演过关键的角色，之后又悄然淡出。纵观 1712 年以后之种种，尽管不同学说提供了不同视角，但上述核心内容与线索并未发生太多改变。因此，一部手淫文化史也就不仅仅是手淫文化的历史，事实上也成为考察欲望、幻想、孤独、私密的历史的别样角度。

一个有意思的现象是，欲望、幻想假如可以被认为是一种危险的话，这种危险并不独手淫有之。按照作者的说法"手淫的原理和新经济现实的原理在想象、个人欲望、奢侈和不节制方面惊人地相似。但是其矛盾之处在于，人们对前者加以严重警告,而对后者高度赞扬”。作为该书抖出的一个包袱儿,作者对手淫与自由市场经济的比对与分析颇有启发性,而书中诸如“手淫,在手淫之外”这样的考察不仅将全书的讨论置于一个更广阔的视野之下,更佐证了手淫作为一种文化之不可小觑的地位。文化,大约就是这样炼成的吧?

2007 年 7 月 28 日　北京

(原载《文汇读书周报》2007 年 8 月 3 日,发表时略有删节)

22. 为谁而开的迷迭香

拿到这本书的时候，我正在为一位故人的离去而伤心不已，五年未见，想到要见时方知为时晚矣；更糟糕的是，当我搜遍了所有关于他的线索之后，我发现我能记得的似乎只有他抽烟的样子和说话时的语气神态，除此之外便是一片朦胧。我不知道是否自己的记忆出了问题，我只知道，当伤心与懊悔叠加在一处，我已然无法凝神去读一本即使很薄的书，虽然这本书讲述的正是关于记忆之种种，书名就叫做《记忆》①。于是我把它装进箱子，然后继续我的回忆。那书便这样在箱子里幽怨地独处了数日，之后又随我一道踏上了南行的列车。翻开看时，人已在上海，而那天距离我第一次见到他整整过去了十一年。相比于漫长的人生而言，十一年的记忆未必有多久远，但却如同一个结幽幽地把

---

① 帕特里夏·法拉、卡拉琳·帕特森：《记忆》（户晓辉译），北京：华夏出版社，2006 年 1 月第 1 版。

心揪着吊起,让我想在书里寻找一些关于记忆的片段,直到读完,一颗心才算落了地。

《记忆》来自“剑桥年度主题讲座”。据说在剑桥形形色色的各种讲座中,无论是讲演者的知名度,还是面向公众的影响力和听众人数方面,声望最高的就是剑桥大学达尔文学院的这个系列年度主题讲座了。而它最突出的特色即表现在其开放性上:多个学科就一个主题展开,而主题本身似乎不属于任何一个学科。

比如记忆。很难将记忆归入某一学科,而对这个话题感兴趣的人也并不仅是生物学家或医学家。《记忆》中,加入讨论的八位研究者所属领域大相径庭,人文的、社会学的、文学的、社会人类学的、生物学的以及精神分析的视角在书中交汇。虽说发言的都是该领域的牛人,但是谁都并不认为只有自己才在这个主题上具有权威的发言权,不仅如此,行文中还会时不时地提及其他几章所涉及的工作。此举甚好。正如主编者所言,“他们的结论决不限于科学话语。尤其是自精神分析技术发明以来,关于我们如何记忆、遗忘和解释过去的洞见已经被难以割舍地合并到我们的日常感知之中,因此也渗透到文学、艺术和历史的书写之中”。因此,书中的八篇文章“从记忆的历史研究向科学研究展开”,主题包括记忆的物质载体、记忆的技术、集体记忆、对过去的再解释和记忆的失败,等等,而这样一种跨学科研究的“力量之一在于，通过引进各种视角共同分享的问题，各位作者就能够探讨身体与心理、虚构与事实、实体与抽象、个人与文化之间的重要关联。这些配对并非对立的两极，而是反映了构成记忆的复杂整体的不同侧面”。

“我对遗忘有一个精彩的记忆”，斯蒂文森此言貌似谬矣，却直取记忆之精髓。遥想当年，正是记忆的缺席惹得弗洛伊德对精神分析不离不弃。作为德国开放大学生物系教授和大脑行为研究小组的负责人，史蒂文·罗斯坦言，他之迷恋于记忆，原因之一即在于记忆“似乎处于实验室的客观世界与我们生活经验的主观世界之间的交接处”，而这几乎也概括了文集中八位作者的立场：他们游走在实验室与生活经验之间，有理有据的论述中，亦发散着人性的温度。

若以身份而论，史蒂文·罗斯算得一位科学中人，他的讲演题目是“大脑如何产生记忆”，一个结结实实的科学问题。不过，这位生物学家的所见所思远远超出生物学之外。比如他并不认为电脑记忆是人类记忆的一个隐喻，因为电脑处理的是无生命的、静态的信息，而人类处理的不是信息而是意义。当许多人为“深蓝”打败象棋大师卡斯帕罗夫而高唱凯歌的时候，他却并不以为意，因为在他看来，象棋是一个“纯粹”认知分析的游戏，而人类记忆与行为需要的不仅是认知还有情感。这样看来，记忆并不仅仅是刻画着岁月磁迹的碟片，而更像是一张裹挟着旧日情感的老唱片，多年之后再听时，声音可能都有些失真了，但情感依然如旧。于是也就可以理解这位生物学教授何以在全文开篇即讲到“记忆是把我们每个单个的人界定为个体的那个特征”，“我们就是我们的记忆”。

记忆如同一个标记，将人生经历、岁月冷暖铭印在每个人心底最隐秘的地方，等待在某个时刻被唤醒。每个人都因着各自的记忆而与众不同，每段生命又都因为他人的记忆而永远不会消逝。记忆与再生，相遇在迷迭香盛开的季节。据说在古代希腊人和罗马人看来，迷迭香所隐喻的便是再生；而自罗马时代以来，迷迭香就是回忆的一个植物象征，所以在澳大利亚一个教堂似的记忆宫殿纪念其阵亡的战士时，悼念者都会佩带迷迭香。当花香随着白色小花的绽放而飘散，封存的记忆也在不经意之间悄悄揭开。假如生命注定要早早离去，那么能够活在他人的记忆里大概也算得是一种幸福了吧——虽然总有些无奈。

从口口相传到书写文本，从植物的隐喻到图像的传递，个人的或集体的记忆就这样以各种方式得以珍藏，而“探索保存记忆的这些表面上多种多样的手段之间的相互关联”也是《记忆》一书的目标之一。当那样一些可以被听到看到读到嗅到的记忆相互交织相互缠绕，过去的时光就在这记忆中变得触手可及。

当这本不到200页的书合上最后一页，一颗揪着的心终于随之落下，而我的伤心与懊悔也在三月的某天找到了寄托：那天，我与他共同的朋友寄来了他的一张底片。照片在手，原本模糊的记忆一下子清晰起来。一片远山。他笑着，遥望着远方，指间夹着烟的样子，一如往日的神采。所有的记忆似乎浓缩成了一张小小的照片。这或许是一个好的结局：我看到的他就是我记得的他的样子。数月前，他的记忆中的我已随着他的逝去而逝去；此刻，沉睡在我的记忆中的他正在醒来……

2006年3月7日　上海闵行

（原载《中华读书报》2006年5月17日）

23. 寻找植物们的情挑岁月

“美国的人类学,就像是一个处女在写性事。”当两位人类学者援引他们的同行对美国人类学的这一评价时,他们也已经很清楚地看到人类学研究的问题及其原因,即“人类学研究的目的是为了能够了解人自己。但人类科学却和每个人一样,由于道学或伦理的偏见而存在禁区。这个现象,在涉及性和性药时,也就是涉及各个文明区域使用催欲药物的状况时,更是格外清晰”。不过很显然,这两位人类学者——克劳迪亚·米勒-埃贝林和克里斯蒂安·拉奇——想要做的并不只是对这一问题做出局外人的观察,他们合著的《伊索尔德的魔汤:春药的文化史》[①]正是他们希望做出改变的尝试。

书名取自特里斯坦与伊索尔德的爱情的悲剧,其流传

---

① [德]克劳迪亚·米勒-埃贝林、克里斯蒂安·拉奇:《伊索尔德的魔汤:春药的文化史》,北京:生活·读书·新知三联书店,2013年4月第1版。

甚广的版本则来自瓦格纳的歌剧：一对恋人决定用毒药结束他们绝望的爱情，侍女却用魔汤替换了毒药，埋藏在内心深处的爱与情欲因此而展露无遗……一剂魔汤将所有的约束化为乌有，成全了爱情，却也埋下了他们最终的悲剧。如此恩怨交织的情绪似乎很像是人对性事的态度。遗憾的是，这种在作者看来"最富神奇和充满理想色彩"的魔药并没有配方流传下来，但某些资料猜测，它可能完全来自植物。不过两位人类学家的目标并不只是寻找这些失落的配方，也不是"站在现代医学观点上，去展示其他文明地域作为催欲药所使用的植物、动物和矿物制品，然后以讥笑的口吻去考证那些'蒙昧人的迷信'"，而是"尝试去描述这些药物在文化层面上的使用情况"，而从全书行文来看，这一描述活动中也正隐含了对其他文化的理解。

坦率地说，选择这样一个主题铺陈开去应该是需要一些勇气的，因为一旦他们将文字呈现于读者面前，他们也必将面临至少两重的质疑。第一重当然来自前述已经提及的"道学或伦理的偏见"。正如两位作者所观察到的，"如果进行民族学实地考察，我们每走一步都会遇到催欲药物、爱情魔符和性爱法术。但如果只是阅读人类学或民族学的报告和书籍……我们就会得到另外一种印象：世界住满了贞洁和道德高尚的清教徒。于是我们就不得不提出问题：世界人口的膨胀又是从何而来？"从一种实用的角度来说，性事维持了人类的繁衍;但假如仅此而已,它对很多人来说也许就不会那么难以启齿——性爱的欢愉一旦从密室进入公共领域,它可能带来的尴尬并不是所有人都能够坦然面对的。第二重的质疑则来自现代医学乃至现代科学的偏见。尽管伊索尔德的魔汤是如此神奇而香艳,但从现代医学的眼光来看,这样的药物根本就不存在,它们也许更像是由古老仪式与毫无根据的传说结合而成的某种混合体。两重偏见交汇处也正引得两位人类学家将兴趣与热情投注于此。为此,他们不仅进行了大量的旅行考察,而且从古老记载中寻觅可能的蛛丝马迹,而由此绘制完成的这部植物风情地图也就具有了人类学与博物学的双重意味。

印度湿婆神居住的喜马拉雅地区,大麻种植已有五千余年的历史,它一直被当做麻醉品和催欲药物使用,时至今日,雌株大麻花也仍然被当做最有效的催欲药;在古代埃及,当一具木乃伊被放入被认为是“转生墓室”的陵寝中时,送葬人群会借助一种叫做斯黛赫酒的催欲酒浆使自己进入痴狂状态;在中世纪欧洲,女巫们则会在受审时承认她们经历的欲仙欲死的快感来自一种用茄科植物以及大麻类植物制成的神秘的女巫油膏和迷幻药膏;而在美洲的催欲魔法中,除了烟草、曼陀罗花这些听起来很熟悉的植物之外,许多现代人可能根本叫不出名字的植物皆可入药……

当植物们的情挑岁月就这样一幕幕重现,一个生机勃勃而充满灵性的世界也一览无余地在眼前铺展，对于每天奔突在车流人海中的现代人来说，它是如此陌生，却总在有意无意间唤起人们记忆深处的某种亲切感。不过，尽管两位人类学家已经觉察到这个植物世界将会给他们的读者带来某种心理或文化上的冲击，但他们更想做的不是感叹，而是反思，其锋芒直指现代技术与工业以及隐藏在其中的对待自然与植物的态度。因此，他们写道："植物中有益于我们健康的物质，只要能让它们健康成长，就会给我们带来健康。可我们却要把它们提炼、合成，用功利主义和机械主义的世界观剥夺它们的天然灵气"，"对它们施暴"，正是这种态度将人与自然的关系变得疏远，而改变态度则是两位人类学家为此开出的一剂药方："如果我们同样尊重植物，它们也会把健康生长中形成的美貌和力量送给我们"；不仅如此，"只要我们能够打开自己的心扉，表现出足够的尊重和谨慎，就会看到迄今隐秘的生命之真谛"。这当然不是伊索尔德的魔汤，却可能有着奇妙的魔力。

2013年12月8日　塞北青城

（原载《新发现》2014年1月号）

24. 在自然的边界温和地生存

许多年之后，我仍然还记得小时候读过的一个童话：一位美丽的公主为了解救她的 11 个被巫婆变成天鹅的哥哥，所以日夜不停地为他们用荨麻编织披甲，而且在她编织这些披甲的一年时间里不能说话。她的美丽吸引了一位远道而来的国王，于是她被国王迎娶到那个国家成了王后；但是她日夜编织荨麻而又一言不发的古怪行为却引起了国民们的怀疑并因此而获罪。在她即将被当做巫婆而处斩之际，她的哥哥们飞来她的身边，她将织好的披甲抛向了 11 只天鹅，天鹅们重新变回了帅气的王子，但是第 11 只披甲还差一只袖子没织好，因此她最小的哥哥便留了一只天鹅的翅膀……"野天鹅"是安徒生童话里我最喜欢的那个。因为它，我知道了爱与坚持是多么美丽的一件事，也是因为它，我还知道了这个世界上有一种植物叫做荨麻。它们是如此可怕，为了编织它们，公主娇嫩的双手和双脚都被磨出了水泡；它们又是如此神奇，能让被施了魔法的王子们获得解救。它们在中世纪时曾被人们称作“魔鬼之叶”,当我在《杂草的故事》[①]中看到这个名字时,便想起了这个野天鹅的童话,心中也不免为之抱不平。

杂草,光看名字就能知道它们是多么不受人类待见了。它们总是出现在不该出现的地方,有时候它们只是让那些精心设计的花园与城市绿地变得凌乱不堪,还有的时候,它们则抢夺了农作物的空间和营养,从而导致农作物减产。这样一个主角让这本《杂草的故事》在博物学图书中显得与众不同。而当看到书中那些或娇柔或挺拔的“杂草”们的手绘图画时,相信很多人定会在第一时间生出疑惑:它们,也是“杂草”?

没错,它们,就是“杂草”。

事实上,“杂草”之名是一个充满时间与空间感的词语,颇有些“在错的地方遇到错的你”之意,而这时间与地点是对是错则完全要看人类的心意。正像英国博物学家理查德·梅比在他的《杂草的故事》中所写的:“杂草的名声以及随之而来的命运是基于人类的主观判断的,妖魔化它们还是接受它们完全取决于我们。”比如荨麻,无论是中世纪人们口中的“魔鬼之叶”,还是安徒生童话中既可怕又神奇

---

① [英]理查德·梅比:《杂草的故事》(陈曦译),南京:译林出版社,2015年5月第1版。

的植物，荨麻的好与坏不过是人之好恶的投射，而无论是荨麻，还是其他“杂草”，它们本身其实无所谓好或者不好，当然，它们也并不知晓人类对它们的评价，它们只是用自然赋予的方式生长，在所有可能的地方伸展开来，宣示着它们的生命力。

在本书作者看来，如何定义“杂草”当然是个问题，但这个问题背后有个更大的问题：“我们如何、为何将何处的植物定性为不受欢迎的杂草，正是我们不断探寻如何界定自然与文化、野生与驯养的过程的一部分。而这些界限的聪明与宽容程度，将决定这个星球上大部分绿色植物的角色。”仅此一句，至少明白无误地告诉了我们两件事：首先，与我们生长在同一个地球上的绿色植物，在通常的观点看来其中大部分都是“杂草”，它们从不肯驯顺地听从人类的安排，它们的恣意生长永远都与人类对秩序感的追求相悖；其次，如何发现“杂草”的意义从而不再把它们看作“杂草”，这像是一个指针，标示出了人类文明的智慧与宽容程度。从这种意义上来说，“文明”其实是与“野性”达成的某种默契，或者说，这种“野性”本来就应该是“文明”的一部分，因为它的存在，才让“文明”如此妖娆。

但还不止如此。事实上，“杂草”的故事中还隐藏着关于文明的寓言。在这本书里，我最喜欢的两个寓言分别来自中世纪的高墙深院和后工业时代的汽车城。

高墙将中世纪的修道院和大学与外面的世界隔开，高墙之内“有他们的植物园，也有他们的知识，这象征着他们向外界宣告这里才是智识之权威所在”。但是，“那些有潜力成为杂草的植物都对边界怀着轻视。于是修道院的花园里，一些药用植物长进了围墙之中。它们把高墙当成了进入外界同时也是进入大众视线的垫脚石。”再一次地，人对秩序感的追求与杂草的野性相遇，但是出人意料的是，杂草的野性竟然扮演了启蒙的角色，如同伊甸园里的那只苹果。读到这一段的时候，我就在想，如果以博物学家的眼光重写整个人类的科学思想史，想必会充满野性的智慧，它无法被安放于由数理科学划定的框架之内，却因此而更显出其价值。

美国底特律曾经是世界著名的汽车城，但是20世纪80年代开始的石油危机使得汽车工业开始走下坡路，当这座城市唯一的支柱产业撤离，这座城市的经济也开始崩溃。荒废的工厂，荒废的高速公路，在所有的工业废墟延伸之处，杂草迅速扩张。也许在大多数人看来，杂草们正在毁掉这个大城市，这个曾经的工业城市。但是这里的居民并没有惊慌失措地抵抗植物的入侵，而是“相反，杂草被当做一个寓言，一个教训，告诉人们单一的、依赖石油的城市文化在21世纪是无法持续性发展的，告诉人们也许在城市中有其他对生态环境更温和的谋生手段”。

两段寓言只是人与杂草之间旷日持久的恩怨纠缠的缩影。在此书中,作者不但以博物学家的眼光为杂草做出有力的辩护,同时也从人类历史以及文艺作品中寻找杂草的踪迹。当所有这些故事合在一处,便成了一个更大的寓言。今天的我们生活在一个以石油及其产品为基础建立起来的文明之中,我们通过对自然的过度干预来获得我们想要的资源和秩序。但是,无论是单一依赖石油的文明,抑或是过度干预自然的方式,就像大面积单一种植的农业一样,看起来充满秩序感,其实却暗藏危机。然而自然从未放弃过我们,杂草就是大自然派来的信使。正像作者所说,"杂草是我们硬要把自然世界拆分为野生与驯养两部分所造成的结果",恰恰是这种角色让它们注定要成为"边界的打破者"。人与杂草,一次次交锋,却一次次落败。也许自然正是在以这种温柔的方式提醒我们,作为地球的借宿者,我们不可能驯养自然世界,但可以学会在自然的边界上生存,就像杂草一样。

2015 年 8 月 9 日　北京

(原载《新发现》2015 年 9 月号)

省思过往

当一些人享受着“征服—加冕”的荣耀之时，另一些人却正在承受着荣耀背后的罪恶带给他们的灾难般的后果。而那些冷静的思考与伦理观照则在很长时间里都被淹没在对进步与征服的褒扬与欢呼声之下。

25. 荣耀背后的罪恶

每年研一新生的外国科技史课程，我都会以“纳粹医生以及医学（科学）的省思”作为全课的终篇。相比于“竞争—征服—加冕”这一经典的科学史叙事方式来说，这段发生在20世纪的历史无疑是沉重的。作为科学史教师，我希望对这段历史的观照可以让这些未来的科学史研究者们绕到高歌猛进、众声欢呼的历史背面去观察和思考，而这种省思的精神无论是对于科学研究者还是科学史研究者来说都将是必要的。本来以为纳粹医学该是医学史（乃至科学史）上最黑暗的一页了，但在读过《违童之愿：冷战时期美国儿童医学实验秘史》[①]之后，我明白事情并非如此。作者们提醒说：“几乎没有人去思考，为什么我们清醒地注意到了20世纪40年代纳粹德国医学行为中的种种恶行，却故意对我

---

① ［美］艾伦·M. 霍恩布鲁姆等：《违童之愿：冷战时期美国儿童医学实验秘史》（丁立松译），北京：生活·读书·新知三联书店，2015年1月第1版。

们自己用脆弱人群做实验的罪恶视而不见。”——尽管纳粹医学已经成为历史,但相似的罪恶却远未结束,它们隐匿在科学与进步的名义之下,因此更难以察觉。

正如该书副标题已经概括出的,《违童之愿》记述的是美国的收容所儿童在冷战时期成为医学实验对象的事实。它的三位作者中,两位是媒体记者和撰稿人,一位是人类发展专业研究者。大概正是因为这样的职业背景,使得他们的书既有深度调查的扎实厚重,又有学术研究的细致严谨:无论是作者们访谈的受害者,还是书中大量的注释,都在见证着这段少为人知的丑恶历史,也体现了作者们“用事实说话”的历史书写方式。

1946 年 12 月至 1947 年 8 月,23 名纳粹医生与医疗行政人员在德国纽伦堡法庭因“以医学的名义施行谋杀、折磨和其他暴行”而接受审判,史称“医生审判”。这场审判形成的《纽伦堡守则》成为医学史上一份重要的文献,它将知情同意、绝无强迫性等原则确立为医学研究中的普适性标准。然而仅仅是十几年后的 1964 年,《赫尔辛基宣言》最终取代了《纽伦堡守则》,并且作为一份“由医生起草、服务于医生、充分考虑了医生利益的文件被世界卫生组织所采用。这些原则中,‘医学进步’被摆在了‘实验主体的利益’之上”。

从《纽伦堡守则》到《赫尔辛基宣言》,与伦理道德相关的条款的弱化暗示了来自医学界内部的自省以及以此为基础的自律的缺失。与此相应的是来自医学以及医学史界的辩护：医学史家罗斯曼曾经说"科学是无辜的，只有政治才如此腐坏"，在他看来，纽伦堡审判的那些纳粹医生"无论如何都是纳粹；显而易见，他们所做的任何行为以及由此起草的任何守则，跟美国都没有半点关系"。这样的辩护也许代表了很多人对科学的美好的寄望，但是当我们跟随《违童之愿》的作者们一起一步步走近真相之时，我们也终将发现，现实中的故事并不总是那么美好，当一些人享受着"征服—加冕"的荣耀之时，另一些人却要承受荣耀背后的罪恶带给他们的灾难般的后果，而荣耀与罪恶的比肩而行让诸如此类的辩护显得如此苍白无力。

1952 年，知名病毒学家霍华德·霍伊撰写完成了一篇关于黑猩猩和人类对脊髓灰质炎疫苗的抗体反应的论文，而里面提到的人类受试者来自一家教养所的 11 名 2—5 岁的先天残障或智障的儿童。以肝炎及其疫苗研究闻名的克鲁格曼在 20 世纪 50—70 年代的肝炎疫苗研究都是在一所为智障儿童设立的公立学校——维罗布鲁克公立学校进行的，他的同事沃德医生更是致信这所学校的主管，希望获得更多空间，来进行更多的科学活动，并对更多实验对象进行研究。在弗纳德学校，来自哈佛大学和麻省理工学院的研究者曾开展了长达十几年的辐射实验，此事直到 1993 年才被媒体披露出来，并引发了全美对医学研究的辩论。爱荷华军人遗孤之家曾被形容为“小白鼠基地”，1938 年，语言病理学家约翰逊和他的研究生都铎在这里进行了一项有关口吃的实验，都铎的论文最终获得通过，而她也得到了一份表达治疗师的工作，但被分在实验组的孩子们却因为这项实验而出现了严重口吃的状况，他们的人生更因此而受到巨大影响……

并非没有人察觉到问题。早在 20 世纪初，美国医生莱芬韦尔就曾对“打着科学研究的旗号进行人类活体解剖”的行为提出质疑，并请求他的同行们对自己的行为加以约束；1966 年，哈佛的麻醉医生毕彻则著文抨击了在未告知风险的条件下便将收容所儿童作为受试者的做法，他意识到让医学界认识到伦理的重要性是多么紧迫的事，在他看来，“一项实验在其开始之初就决定了它是否合乎伦理道德。并不能仅仅因为发现了有价值的数据，就让它变得合乎伦理”；还有伊莎贝尔·摩根，她曾在脊髓灰质炎病毒研究方面领先于她的同行，却在婚后放弃了她的研究，但让她做此决定的并不只是她婚姻，她曾多次表达自己坚决不会把人当成小白鼠来使用，因为，相对于研究出行之有效的疫苗，她更担心自己会加害实验对象。但是所有这些冷静的思考与伦理观照在很长时间里都被淹没在对进步与征服的褒扬与欢呼声之下。更为严重的是，正像作者在书中注意到的，诸如此类的研究在学术文献中屡见不鲜，但是几乎没有期刊编辑、心理专家或读者对此提出质询。“专门为了确保杜绝此种虐待出现的伦理审查委员会又到哪儿去了呢？还有期刊编辑委员会，他们本该保证这些存在问题的实验不被发表，为何也没有声音呢？”由此，这种针对弱势人群进行的具有伤害性的科学实验已经不再只是某些科学家的个体道德缺失，而成为一种群体作恶。冷战的背景更为这种行为的存在提供了体制的保障与“名正言顺”的理由。

在揭开这段隐匿历史的同时，该书作者也将他们的思考渗透其中，从而促使读者也不断地去追问，而这些问题也许在平常日子里会很少涉及，却与每个人的现实处境密切相关。比如当医学研究者们以非人性的方式对待那些本该得到更多保护的弱势人群时，一种明显傲慢的态度是“让这些人参与到探索真知、解决长久以来困扰人类之医学难题的重要研究项目和科学实验中来，即是让他们服务于人类、服务于科学的最佳方式了”。但是正如有观察者所说，“如果说医学是踏过无数尸体才取得了进步，这些人中没有谁愿意成为尸体之一。如果说在医学里‘舍不得孩子套不住狼’，那么这些人宁肯‘舍得别人的孩子’也得套住狼”。此言直指问题的关键，仍然是正义问题：以牺牲弱势人群的权利为代价换得的进步是值得的吗？对“科学真理”的追求是否能凌驾于正义之上？失去道德约束的科学活动又将把人类社会引向何方？在体制化作恶的背景之下，作为个体的研究者应该承担起怎样的伦理道德责任？美国一个学生组织曾经提出一个被称为“科学家的希波克拉底誓言”的科学家誓言，其中有一句“每个人的责任感是人类通向世界和平之路的第一步”，这“责任感”中无疑首先就包括伦理道德责任，而这也许将成为我们求解上述所有问题的重要线索。

2015 年 4 月 10 日　塞北青城

（原载《新发现》2015 年 5 月号）

26. 一场从未结束的公害病

如果不是因为一场最终引起世界关注的疾病来袭,水俣市也许将只是日本一座普通的小城,而这里的居民也将一如既往过着他们的平常日子。然而所有的平静在 1956 年 4 月 21 日结束了,这一天,一个 5 岁 11 个月大的女孩因为行走困难、说话困难甚至狂躁不安而进入水俣氮肥厂附属医院就诊,在随后的几天里,小女孩的妹妹以及相邻几户人家相继发现了大量患者。1956 年 5 月 1 日,医院院长细川一向该市保健所正式报告"发现数名致病原因不明的中枢神经疾病患者",这一天后来被认定为正式发现水俣病的日子。

三年后,还在大学就读精神科的原田正纯从电视上看到了水俣病患者的形象,他在当时"根本想不到自己日后会与水俣病结下不解之缘"。1961 年 7 月,原田先生跟随教授一起来到水俣市,并第一次见到了水俣病患者。此后,他又先后数次走访该地,他说:"水俣逐渐变成我生命的一个有机组成部分。水俣不只给我带来感伤的记忆，还让我开阔了眼界，警示我医学并不仅仅是一项职业而已。”一场内心的冲击开启了原田先生一生的事业，数十年后回首，他在1975年出版的《水俣病》[①]一书中对水俣病的发现、确认以及围绕水俣病展开的调查进行了深入的剖析与思考，无论从何种意义上来说，该书都可谓是水俣学的奠基之作；而在1985年和2007年相继出版的《水俣病没有结束》以及《富裕与弃民们——水俣病的起源》不仅是一种时间意义上的后续研究，而且在经过十几年后，其关于水俣病的讨论也更为深入，中文版《水俣病没有结束》[②]正是根据这两本书所做的编译本。

将两本书完整地读下来就会发现，作品不仅提供了研究水俣病的线索与框架，也是一位有良心的医生对疾病、医学以及医生的职业的反思，更因事件本身所具有的代表性而成为研究科学活动中的利益冲突、医学与医生的角色与责任、科学在风险判断中的角色等多重问题的典型样本。

水俣病的爆发，其原因最终确认为水俣氮肥厂排放的有机水银污染。病势的蔓延及其严重性都曾令世界震惊，

---

① ［日］原田正纯：《水俣病》（包茂红、郭瑞雪译），北京大学出版社，2012年2月第1版。

② ［日］原田正纯：《水俣病没有结束》（清华大学公管学院水俣课题组编译），北京：中信出版社，2013年7月第1版。

但更加耐人寻味的则是围绕病因的确认而展开的调查，这是一场充满波折的历程，也是谎言与善良交锋的历程：从书中揭开的事实可以看到，1956 年 12 月，仅仅在发现水俣病几个月后，已有研究显示水俣湾的毒性与氮肥厂的排污行为有关，但这些结果却被行政当局和氮肥厂无视，氮肥厂知道排污致病，但在没有确定特殊的致病物质之前并不愿承担责任；而政府也清楚危害的严重性，但只要致病原因没有确定就当做没事发生，也不采取任何行动。作者写道："这种态度才是导致公害发生并扩大的元凶。"但对于这场漫长的调查来说，这仅仅是一个开始。氮肥厂先是抛出"炸药说""胺元素说"以及多重污染说以转移公众视线，嗣后又迫于社会压力而安装其实并不起什么作用的循环利用装置，并且在该装置的竣工仪式上，氮肥厂厂长还上演了饮用经过该装置处理后的水的闹剧，而事实则是水并非经过处理的污水。尽管这些细节在我都是第一次读到，但一看之下却生出了似曾相识之感——我不止一次联想到《孟山都眼中的世界》中关于安尼斯顿 PCB 污染的调查：当居民们为自己的权利而抗争时，企业却为了隐瞒实情、逃避责任而使出种种招数。

同样似曾相识的还有利益在事件中的角色。作为一名医生，作者在调查之初便遭遇了患者家属的不信任与怨恨，乍看起来，这似乎是令人难以理解的，但若深究就会看到个中原因既来自之前医生们的傲慢态度，也来自患者家属因医生与企业之间利益关系而对医生职业操守产生的质疑。一位母亲曾向原田先生讲述了自己的所见所闻：一位九州大学的著名医生只简单查看过后便认定孩子患的是脑性小儿麻痹症，而在那之后，很多人都曾看到这位医生与公司董事一起乘车去汤之儿泡温泉。利益销蚀了一个医者应有的仁心，也疏远了医患之间的距离。但幸运的是，并非所有医生与研究者都如此，这是让事件真相最终得以浮出水面的决定性因素之一。

在书中，原田先生写到自己的一次经历：他曾多次探访过的一名患儿最终过世，原田先生因此去患儿家中表达哀思。当他在佛坛前叩头拜祭时，患儿的母亲带着不可思议、吃惊的表情问道："您真的是大学的医生吗？"原田先生写道："我根本无法正视这位母亲的眼神。"无论是患者家属的怀疑与怨恨，抑或是患儿母亲的讶异表情，所有这些都是对医者仁心的拷问，其实也将一个问题摆在了每位医者与研究者的面前：当公共卫生事件发生时，医者乃至其他研究者以及他们所借以表达观点的科学，究竟应该扮演怎样的角色？此书的一位译者包茂红先生曾有机会拜访原田先生，并向他提出这样一个问题："当时很多医生都选择和政府或企业合作，你为什么要选择为受害者说话？"原田先生说："因为我是医生，我要为我的患者说话。"诚如包茂红先生所言,这个回答可以说“出人意料的简单”,但是在我看来,恰恰是在这“简单”的表达中,一位医者的气质显露无遗。

在书中写到的大量水俣病患者中,胎儿性水俣病患者是一个尤其特殊的人群。他们在尚未出生之前便已注定了日后的艰难道路,与之相似,多氯联苯中毒、二恶英污染、原子弹爆炸等化学性、物理性环境问题除了对当时当地的人造成影响,也会导致胎儿性患者。作者从这个事实引申出其对环境的思考:“这些胎儿性水俣病、多氯联苯、原子弹爆炸所产生的胎儿性患者告诉我们的事实就是:‘子宫就是环境。’……子之宫,这是一个非常美丽的日语,包含美丽、神圣、祖先的愿望和祈祷的意思,他们希望子孙健健康康地繁衍下去。然而,现代文明已经深深地侵犯了这个美丽的愿望,这就是胎儿性水俣病的教训。”子宫就是环境,而一个污染了的环境将孕育出怎样的未来,这是所有的人类将共同面对的问题。“受伤的身体无法回到原样”,同样,“被破坏的自然无法恢复”,此二者在水俣病以及所有污染的受害者的经历中都得到了最为直观的呈现。在这些受害者面前,所有的辩白都只是陈词滥调。

2013 年 11 月 9 日　塞北青城

27. 被污染的食物链与被窃走的未来

理查德·多尔是一位来自英国的流行病学家,他因与烟草生产商不懈斗争而闻名,更曾在1981年发表的一项研究中证明了吸烟与肺癌之间的关联。这篇文章后来被奉为"癌症流行病学的圣经",而多尔本人及其合作研究者、他的学生理查德·佩多一起获得了女王封爵。多尔爵士作为公共卫生领域杰出权威人士的形象正是由此而来。然而多年之后,当研究者查阅这位公共卫生泰斗的个人档案时却发现,多尔爵士曾与化工企业孟山都公司有着长达20年的合作关系。

这个惊人发现最终令多尔爵士晚节不保,尽管仍然有人会为之辩护,但多尔的更多同行却指出了多尔爵士在做出上述研究时在样本的选择与研究方法上都是成问题的,其对一些特定人群的剔除使得化学污染物的影响在他的研究中显得微不足道。然而,与多尔爵士本人声誉所遭遇的重创相比,另一重危机看来更为严重,影响的范围也更大,正如有学者观察到的,“因为他的声誉极高,所有人都把他的话当做圣经。他的专业意见推迟了针对慢性病环境病因的政策,也推迟了对二恶英、氯乙烯等剧毒物质的监管政策”。事实上,二恶英迟至1994年才被列入“确定对人类致癌物质”也在很大程度上拜多尔爵士所赐。当然,也有受益者:化工企业因此而推卸掉它们本该承担的对慢性病增长的责任,更在受害者的集体诉讼中得以全身而退。

对于仍然沉浸在科学技术许诺的美好图景中的人们来说,多尔及其与化工企业之间的秘密合作可一点儿也不美好,而不止一次拿多尔爵士说事儿的法国人玛丽-莫尼克·罗宾则无疑是一个大煞风景的人,当然对于营造这个图景的人们来说也是。作为一名电视人,她固然看到了科学技术许诺的迷人图景,但当她带着她的观众和读者去观察这一图景时,又总是毫不犹豫地拿掉“柔光镜”而代之以“聚光灯”和“长焦镜头”。无论她的作品多么具有争议性,她做了我们身边许多媒体人做不到甚至不想做的事:深入事件背后去调查和记录多方声音,而不是从资料库里寻找一些画面拼凑出所谓的“专家认为”。从这个角度而言,她应该可以称得上是一位说走就走的行动者。正是如此的行动力成就了她的《孟山都眼中的世界》,也唤起了世界各地的人们对于转基因作物商业化以及由此带来的转基因农业模式的思考与质疑；而在《毒从口入》①中，罗宾再一次出发，对工业化背景下的化学污染以及科学与商业亲密联姻的后果展开了深入调查。该书披露了充斥于现代生活各个角落的化学污染给环境与公共卫生带来的影响，但它最重要的价值并不在于开列一个长长的化学污染名录，而是提供给读者一种观察科学技术与社会的角度与思考方式。

多尔爵士正是罗宾作品中的一个案例，但它的意义并不只是揭开一段陈年旧事。在事关公众利益的科学技术争议中，我们总会看到有一群自诩的专业人士或居高临下或平易近人地安抚我们不用担心，也不用焦虑，如此专业的事尽管托付交给专业人士，也就是该领域的科学家就对了。稍加分析就会发现，这一“安抚”之辞至少包含了如下两重信念：一是社会分工细化所带来的专业壁垒以及据此而对“门外汉”的拒斥；二是对科学家作为心无杂念只想为人类造福的圣者角色之笃信。糟糕的是，秉持如此之信念的人面对多尔爵士的陈年旧事很可能会三观尽毁，但这未必不是一件好事，因为它可能会促使人们重新审视和理解这个时代的科学与技术。事实上，科学与技术一旦离开实验室进入商业化环节，它将带来的影响是多方面的，涉及现代社

① ［法］玛丽-莫尼克·罗宾：《毒从口入：谁，如何，在我们的餐盘里“下毒”？》（黄琰译），上海人民出版社，2013 年 12 月第 1 版。

会生活的各个层面与环节,仅以科学(甚或仅以有利于科学的证词)作为判断的依据显然是不够的,而将由此引出的争议仅仅归于科学问题并交托给几位该领域的科学家来做出决定则是对公众利益的不负责任。更何况科学家作为造福人类的圣者角色的时代已然成为历史,身处利益场而潜在利益冲突得不到有效监管时,科学的证词原本就是靠不住的。

纵观全书,“追问”构成了作者有关化学污染调查的最突出特点,而追问的对象既有那些明显出了问题的环节——比如科学共同体与工业企业之间的利益关系与冲突、科学共同体与监管机构的诚信度与公信力;也包括一些看似寻常以至于被熟视无睹的事——比如经常被科学人士拿来充当挡箭牌的“每日可接受摄入量”,书中对这一概念进行的追根溯源的调查,不仅呈现了一个关乎公众利益的概念之确定及被接受是多么随意,也让读者清楚地看到,当公众利益与企业利益发生冲突时,监管机构是如何令人失望地站到了企业一边。

至此,该书的警示意义已然凸显:是时候重审与科学技术事务相关的利益冲突及其监管体系,进而彻底改变“企业获益而消费者承担风险”的风险管理理念了。这可能将是一场硬仗,在这场战斗中,作为风险承担者的公众所能做的便是“夺回我们对盘子里的食物的主权、掌控我们吃下肚子的东西,如此才能拒绝那些对人体没有任何益处的小剂量毒药”。这正是作者何以在书中如此追根究底并详尽陈述的原因,唯其如此才能“在任何情况下,任何人都能够掌握严谨的理据,尽其所能地行动,对那些摆布我们健康的游戏规则施加影响”。被污染的食物链让我们明白“恶魔存在于细节中”,而对细节的洞察则暗示了我们的命运:唯有行动,才有可能触到希望。

2014 年 2 月 8 日　北京

(原载《新发现》2014 年 3 月号)

28. 海逝

多年之前读蕾切尔·卡森的《寂静的春天》以及她的传记《生命之家》时，我就对卡森发生了兴趣：优雅的战士，坚强的女子，我喜欢用这样的言语来概括这位看到了问题并且有勇气发出呐喊的写者与行动者；她曾经写下的句子会让我在每一次面对大自然以及为大自然奔走呼告的人们时想起："我从不认为丑陋会主宰世界，我也不希望如此。我所试图拯救的生物世界的美一向在我的心灵中占据最高位置，破坏这种美的残忍、愚昧行为令我愤怒。我感觉到有种孤独的责任感驱使着我去做我力所能及的事情——如果我连试都不试，面对自然，我将永远不会再有快乐。但现在我相信自己至少已尽了微薄之力。"——为大自然的美代言，卡森便有了面对危险的勇气。她的《海洋传》[1]就是对大自

---

① ［美］蕾切尔·卡森：《海洋传》（方淑惠、余佳玲译），南京：译林出版社，2010年2月第1版。

然之美的阐释以及对于美的消逝的忧虑。

想到大海,人们便想到了深远、辽阔、博大……但卡森的书却能让人看到在这片“大”的世界中还有许多“小”若微尘的生命:“单是一杯海水里可能就包含了上亿个硅藻……或者,这杯海水里也可能充满无数的动物生命,但每一只的体型都和尘埃相当,平日以体型更小的植物细胞为食”;但即使是如此有如微尘一般的生命却也“都能证明生命的生生不息,只需要温暖阳光照射,加上化学元素的滋养,就能再现春天的神奇”。

海洋中的生命在属于各自的位置书写着关于生命的奇迹,而这些生命与海洋之间也保持着某种关联。比如她写到一种与绿藻有着共生关系的旋涡虫,由于它们只能以寄生在它们体内的海藻所制造的淀粉为食,而海藻细胞必须靠阳光才能进行光合作用,因此每天海水退去的那几个小时,旋涡虫们就会从沙里爬出来晒太阳,然后在开始涨潮时又躲回到沙中,以免被冲进深海。但有趣的是那些海洋生物学家出于研究而养在实验室水族箱里的旋涡虫,“那里虽然没有潮汐涨落,不过旋涡虫却还是会每天从水族箱底的沙里爬出来两次,接触阳光,然后再躲回沙中。旋涡虫没有脑,没有我们所谓的记忆,甚至没有任何明确的感知,但它们还是继续在这个不熟悉的地方过着自己的日子,用它们绿色小身躯的每个细胞,记住远方潮汐的韵律”。——这是历经亿万年的时间而形成的某种共鸣，会让所有关于“天长地久”的美丽文字在它面前黯然失色。

卡森笔下的海洋是一个无需人类的参与，但生机勃勃的世界。“人类受虚荣心所驱使，会下意识地将所有不属于日月星辰的光芒都归功于人类所创造……但是，在这里看到的，却是在海中闪烁、消逝的光芒，这些光亮出现与消失的原因都与人类无关，早在远古时代，还没有人类怀着惴惴不安的心情出来搅和时，这些光点就已经照着自己的方式在海面上明灭”——那是海中的某些藻类，当达尔文在某天夜晚航行在海上看到那些光亮时也不禁写下了如此感性的句子：“海面仿佛被光热融化一般，看到这种景象，很难不想起弥尔顿描述‘混沌’与‘混乱’的文句。”

读卡森的书不仅能读到关于海洋的知识。作为一位环境保护运动的先驱，她对人类活动对于自然的破坏也进行了反思与批判。她写道：“只要是人类到过的岛屿，一定会发生不幸剧变。”“人类在海岛上恣意妄为，写下了他们作为破坏者最为黑暗的记录之一。”其中一幕发生在1918年：一艘蒸汽轮船在澳洲东边豪勋爵岛外海失事，轮船沉没之后，船上的老鼠全游上岸，在短短两年中，这座昔日的鸟类天堂变成了死寂一片的荒漠。

在所有由此披露出来的事实中，向海中倾倒各种废弃物，尤其是核废料的做法可谓触目惊心。“海洋广阔无涯，看似遥远无际,因此许多人在面临废弃物处理问题时都会想到海洋……海洋于是获选为原子时代污染性垃圾及其他‘低放射性废料’的‘天然’掩埋场”,但此种做法无疑将人类自己连同大自然一起置于退无可退的境地,大气污染也许可以通过一场雨而得以缓解,但海洋不行。它是人类以及地球环境的最后庇护所,但不幸的是,“在人类知识还没办法确定这种做法无害以前,我们早已开始实施这种废弃物处置法。先弃置而后研究,无疑是招祸降临,因为放射性物质一旦进入海水中便无法回收,一失足便铸成千古恨”。

这是卡森在50年前写下的文字,读到它们时,全世界的焦点——福岛第一核电站刚刚传来这样一条消息:该核电站运营商东京电力公司计划将11 500吨含有放射性物质的污染水倒入大海,以释放存储空间,使发生核泄漏事故的福岛第一核电站能够存放浓度更高的污染水。日本内阁官房长官枝野幸男在电视新闻发布会上说:“作为安全措施,我们将不得不把受到放射性物质污染的水排入海洋,除此之外我们别无选择。”

不得已而为之之举。

曾经,我们为每一次科学技术的成功而“加冕”“狂欢”,然而在某天清晨,当我们在狂欢之夜过后醒来时却发现,挟科学技术之势,我们已经给自己也给我们的地球留下了太多的“不得已”。在这样的时候重读卡森50年前写下的句子无疑是引人深思的。她说:“海洋是生命的源头,它孕育了生物,如今却受到其中一种生物的活动所威胁,这种情形多么怪异;不过,尽管海洋环境日渐恶化,这片大洋仍会继续存在,而真正受害的,其实是生物本身。”——这当然也包括我们自己。但我们还有卡森以及像她一样的行动者,在这个被人类挟科学技术之威而拨弄得凌乱不堪的世界上,这也许是我们最后的幸运与希望。

2011 年 4 月 5 日　北京

(原载《新发现》2011 年 5 月号)

29. 这个被污染了的世界会好吗

《汤姆斯河》[1]有一个一眼看上去很是宁静的封面：夕阳晚照，水面如镜。然而正像所有的经典故事一样，越宁静的表面之下便隐藏着越不宁静的冲突，但汤姆斯河并不只是一个"故事"，而是曾经发生在以这条河的名字命名的小镇上的真实的过往。资深环保记者丹·费金历经十几年的追踪调查，从而呈现了这段往事。在这段往事中，有现代化学工业标榜的神话及其倾覆，有企业追逐利益的贪婪与为维护利益而编织的谎言，有政府的漠视及其与企业之间的利益交换，还有小镇居民为揭开真相而付出的努力与坚持。如果在近年来对中国的污染问题有所关注的话，那么书中写到的多处内容会令人有似曾相识之感。

汤姆斯河的厄运开始于20世纪50年代，而这一切源

---

① ［美］丹·费金：《汤姆斯河：一个美国"癌症村"故事》（王雯译），上海译文出版社，2015年5月第1版。

于更早时期的苯胺染料的发现以及由此催生的有机合成工业。首先是在德国和瑞士，苯胺染料工业沿莱茵河畔纷纷兴起。“到 1870 年，借着新技术合成染料的东风，大部分将在未来一个半世纪中掌控化工工业的企业已成长为跨国公司”，这句话在书中看似轻描淡写，却为数十年后的汤姆斯河的厄运埋下了伏笔。同样在苯胺染料工业诞生之初即为汤姆斯河后来的厄运埋下伏笔的是，有化学家早早注意到并且提醒过，“这个利润惊人的新工艺产生出的有毒废物比有用产品多得多，但没人知道废物里究竟有什么和怎么去除”。

1952 年，三家以合成染料起家的跨国公司——汽巴、嘉基和山德士——来到了汤姆斯河镇。在此之前，汤姆斯河镇一直沉睡在美国新泽西松林深处，“安于与世隔绝，镇上的人们在松树林里打打猎、海湾里捞点鱼、在河上扬帆”——这样的生活也许有点单调沉闷，却也自得其乐。但是染料工业企业的入侵终结了这幅图景。三家化工巨头很快联手成为“汤姆斯河-辛辛那提化工公司”并迅速实现扩张：到 1959 年时已有员工将近 500 人，1961 年时则达到了 1 000 人。

在化工厂刚刚落户小镇之初，只有一家媒体看到了此事所隐藏的风险，但汽巴迅速邀请当地记者参观工厂，收获的则是当地报纸在头版头条的颂扬：“汽巴废物处理车间之旅驱散污染谣言。”然而如此的洗白并不能让小镇在此后数十年绕开被污染的命运。这家化工企业在给自己带来巨额利润的同时，也给它所在的小镇带来了纠缠数十年的噩梦。尽管在工厂建成的最初岁月里，它的确给小镇带来了某些实际的“好处”，比如带动当地经济的飞速发展，为当地居民提供了众多就业岗位，但是几乎也就在工厂开工的同时，前述提到过的第二个命运的伏笔开始渐渐浮出水面。这是一个简单得不能再简单的数字对比——“汤姆斯河镇工厂1952 年开工时的最大年产量不是 400 万磅，而应该是 400 万磅染料加大约 8 000 万磅危险废弃物”。汤姆河镇居民的噩梦由此拉开了帷幕。

化工废物——无论是固体废物还是废水——的排放是现代化学工业与生俱来的难题，它伴随着化学工业的兴起而出现，却从来不会因为化学工业乃至科学技术的发展而消失。在此书中，这一点尤其得到事实的呈现。对于工厂产生的废物，汤姆斯河化工厂与其他所有化工企业一样使用着相同的排污策略：从土地到河流，再到大海。在这个排污策略的演变线索中，我们看不到所谓的污染清除，而只看到污染的一次次转移——说到底，污染废物的排放与处理是一个无解的问题，而人们所能做的便只是“转移”，汤姆斯河镇也正是在一次次污染的转移中失去了原有的宁静，而小镇居民则成为现代化学工业的受害者。

但还不仅如此,在很大程度上来说,他们还是某种利益交易的受害者。1965 年 8 月,工厂已经知道染料废水污染了水务公司的 3 口浅水井,它们的客户是镇上全部 7 000 户家庭和公司,但工厂并没有通知用户他们喝的水被污染了。而仅有的两家知情者——化工厂和水务公司于 1967 年 2 月最终达成一纸秘密协议:化工厂同意赔付水务公司 45 000 美元作为在当地饮水井加氯的费用;而水务公司则同意免于对化工公司追究任何法律责任、刑事责任,也不索赔或要求任何金钱与损失赔偿。1975 年,公用水井被污染的消息被媒体爆出,但事情再次不了了之,而公司则做出回应称:“饮用水绝对安全。”

与公权力的不作为形成鲜明对照的是小镇居民为揭开真相而付出的努力与坚持,其中,给人印象尤为深刻的是一位警觉的母亲和她一出生即身患癌症的儿子。在与癌症纠缠的 30 年时间里,他们与其他很多人一道协助揭开了这段被作者称作“黑暗编年史”的秘密,也见证了小镇最终摆脱污染的梦魇并一点点清污一点点重建的历程。但是故事到这里并未结束,因为他们还必须等待,和这里所有罹患癌症的人们一起等待对他们的发病原因的确认。

但是,发生在汤姆斯河小镇的一切并不只是别人家的故事。目前,中国是世界上最大的化工产品生产国和使用国。1996—2010 年,中国的苯、乙烯和硫酸的产量翻了两番。巴斯夫,目前世界上最大的化工公司,在中国有 7 000 名员工和 40 家工厂。陶氏化学,在中国有 4 000 名员工和 20 家工厂。这些在此书最后提及的数字让我们再一次看到了污染的“转移”,也暗示了那个曾经发生在一片松林深处的美国小镇的故事正在日益变成我们身边的现实。

合上书,汤姆斯河的故事和那片如镜的河面久久不去。这个被污染了的世界会好吗?发生在这个美国小镇的故事是一个答案:尽管被污染了的土地和河水不再可能完全回到从前,但伴随着清污与重建,小镇正在走出那个持续数十年的梦魇。曾经和那位警觉的母亲一起担任小镇居民委员会主席的帕斯卡瑞拉说:“你不能假设会有别人去为你料理这些事情,替你做正确的决定。”在我看来,这句话也是一个答案。

2015 年 7 月 9—11 日　塞北青城

(原载《新发现》2015 年 8 月号)

致谢

感谢刘兵、江晓原、王洪波、刘华杰、田松、杨虚杰、刘睿、赵一凡、汪小虎、陈志辉、张倩等众师友在过去十几年中给我的帮助、鼓励与督促。尤其要感谢陈志辉博士,本书“快意人生”一节标题之“快意”二字即来自他的提议。